F·book Spoon

1

매일매일 다르게!
싼 재료로 맛있게

每日 두부
매일

김수연 지음

for
book

싼 재료로 맛있게, 매일매일 다르게!

첫 번째 이야기

그 집은 뭐 해 먹고 사나요?

우선 쌀을 씻어 물에 불립니다. 그런 뒤 냉장고를 열죠. 뭐 있나, 뭐 해 먹나, 오늘은 또 뭘 해 먹이면서 하루를 살까?
여자들의 나날은 언제나 이렇게 똑같은 고민으로 시작됩니다. 살림만 하든, 맞벌이를 하든, 혼자 살든, 넷이 살든 똑
같습니다. 딱히 특별한 음식을 해 먹는 것도 아니면서 눈만 뜨면 먹을 걱정을 해요. 고민을 해 본댔자 결국은 또 그
밥에 그 나물, 김치찌개 아니면 된장찌개! 카레라이스이거나 볶음밥, 쇠고기 구워 먹거나 돼지고기 빨갛게 무쳐 먹
거나… 그러면서도 우선 고민부터 하고 보는 거죠. 먹어야 사는 인생이라 그렇습니다. 열심히 먹고, 잘 먹여야 그 힘
으로 또 하루를 다다다다! 힘내고 달리면서 살 수 있으니까요. 나도 그리고 식구들도 모두 다!

날마다 상다리 휘어지게 차려서 먹을 수는 없습니다. 월급 몽땅 털어서 입으로만 꿀꺽, 그럴 수는 없는 노릇이지요.
그러다 보니 궁리, 궁리가 대단합니다. 싼 재료, 있는 재료, 남은 재료를 가지고도 입맛 확 살아나게 만드는 음식을
창조? 혹은 창작? 여튼 뭐 그렇게 지어내야만 하니까요. 우리 여자들, 참 대단해요. 그 노릇을 매일매일 하고 있으니
까요. 그런데 요즘, 그 집은 뭐 해 먹고 사나요? 오늘 저녁은 또 무슨 요리들을 만들 참인가요?

값싼 재료로 건강하게! 싼 거 먹어도 행복하게! 이 책은 이런 생각으로 지어진 요리 일기장입니다. 두부, 달걀, 감자,
콩나물… 어느 집에서나 다 먹는 저렴한 식재료들을 가지고 기찬 맛을 내는 비밀이 숨어 있습니다. 하지만 싼 재료,
이것이 핵심은 아닙니다. 몸이 좋아하는 건강한 재료로 똑똑한 밥상을 만드는 것이 저희들의 꿈이니까요.

첫 번째 주인공은 두부, 되시겠습니다. 집 앞 구멍가게에만 가도 만날 수 있는 바로 그 두부! 그런데 사고 나면 그저
지져 먹거나 조림을 하거나 찌개에 넣는 것이 고작인 요놈, 두부놈! 이제 걱정 없습니다. 이 책 보고 하나씩 따라 만
들면 한 달 내내 두부 요리만 차려도 흥이 날걸요. 그럼 어디 한번 시작해 볼까요?

〈에프북〉 일동

과자 한 봉지 값이면 되니까…

얼른 가서 두부 한 모 사오세요

저는 요리하는 엄마입니다. 그런데 요리하는 것을 직업으로 삼고 있어도 날마다 똑같은 궁리를 합니다. 한 끼 먹을 걱정을 하는 거예요. 아침 먹고 나면 점심 걱정, 점심 해 먹으면 저녁 밥 걱정. 게다가 요즘처럼 입에는 달고, 몸에는 독이 되는 음식들이 판을 치는 세상에서는 먹을 것에 대한 궁리가 깊어질 수밖에 없습니다. 아무거나 먹고, 아무렇게나 살 수는 없으니 그렇습니다. 좋은 것을 열심히 챙겨 먹어도 좋은 날들을 볼까 말까 하니까요.

〈싼 거 먹어도 행복하기〉라는 부제를 달고 있는 얄팍하고도 실속 있는 책을 내자고 했을 때, 그래서 참 반가웠습니다. 우선, 수백 페이지의 백과사전 같은 요리 책들을 볼 때마다 저걸 언제 다 해 먹나, 싶어 숨이 찼었는데 얇은 책이라니 좋았습니다. 게다가 한 권에 한 가지 재료! 늘 먹는 재료들을 가지고 해 먹을 수 있는 요리들을 가지가지로 담을 거라니 마음이 절로 동하더군요. 그래서 내 집 밥상 차리듯이, 딱 그런 기분으로 메뉴를 짜고, 요리를 만들었습니다. 내 식구들 먹일 것처럼 그렇게 책을 꾸리는 일이 행복하더군요.

이 책은 두부 책입니다. 두부를 임금님 모시듯 하면서 만들었습니다. 두부가 메인이 되는 음식들, 두부에 관한 조리법들은 얼추 다 담으려고 애썼습니다. 물론, 더 파헤치면 얼마든지 더 많은 요리를 만들 수 있겠지만, 그건 별로 현실적인 방법이 아니니까요. 적어도 한 달 이상은 매일 두부를 상에 올려도 날마다 다른 맛을 즐길 수 있도록 궁리한 메뉴들입니다. 굽고, 볶고, 튀기고, 조림까지… 두부를 다루는 기본 방법들도 함께 담았습니다. 두부 요리가 한결 쉬워지고, 더 맛있어지기를 바라면서 말입니다.

두부는 나이를 먹을수록 좋아지는 재료입니다. 사실, 애들은 두부의 깊은 맛을 잘 모르죠. 씹으면 입안 가득 퍼지는 고소한 콩의 기운을 아직 어린 아이들은 알 수가 없을 겁니다. 참! 날씬해지고 싶은 아가씨들도 두부를 열심히 챙겨 먹더군요. 건강해지고, 예뻐지고, 날씬해지는… 그리고 보면 두부는 참 기특한 재료이구나, 싶기도 합니다. 몸에 좋은 영양분은 잔뜩 품고 있으면서 달랑 과자 한 봉지 값이면 살 수 있고, 굳이 시장까지 가지 않아도 살 수 있는 재료라니! 정말 매혹적이지 않나요?

두부에게 거는 기대를 다 녹여서 국과 찌개를 끓이고, 휴일 별미를 만들고, 애들 좋아하는 음식이며 다이어트 메뉴까지 딱딱 정리해 두었으니 따라하기에 좋은 책이 되지 않을까, 합니다. 날마다 부엌에 서서 오늘은 또 뭘 해 먹나, 하고 고민하는 순간에 힘을 주는 책이었으면 좋겠습니다.

요리하는 엄마, 김수연 씀

두부의 기쁨

두부가 우리에게 주는 백만 가지 즐거움

두부의 나날들

식구들 입이 호강하는 두부 별미 마흔 한 가지

두부의 기쁨

두부가 우리에게 주는 백만 가지 즐거움

이렇게도 좋은 두부 이야기

소화 흡수가 뛰어난 고단백 저지방 식품

식물성 단백질이 풍부한 두부는 육류 단백질과 달리 포화지방 함유량이 낮고 콜레스테롤이 없다. 특히 두부의 지질 성분 중 약 80% 이상이 불포화 지방산이며, 필수 지방산인 리놀렌산이 풍부하다. 두부의 원재료인 콩은 조직이 단단해서 조리해 먹을 경우 소화율이 50~70%에 지나지 않지만, 두부는 콩 단백질의 93% 이상을 함유하고 있으면서도 소화율이 95%에 이른다.

풍부한 무기질, 성인병 예방에 도움 준다

두부에는 골격을 구성하고 여러 가지 생리 기능을 조절하는 무기질이 많다. 특히 칼슘과 마그네슘, 철, 비타민 B_1 등은 고혈압이나 신장 질환과 같은 성인병을 예방하고, 풍부한 올리고당은 장의 움직임을 활성화하여 소화 흡수를 돕는다. 대두 레시틴은 체지방을 줄여 콜레스테롤과 중성 지방 수치를 낮추고, 세포를 젊게 유지시켜 준다.

여성 특유의 질병을 예방한다

여성 전용 음식이라 할 만큼 두부는 여성에게 특히 좋은 식품이다. 두부의 이소플라본은 여성 호르몬인 에스트로겐과 구조가 매우 흡사해 갱년기 장애나 유방암 등 여성 고유의 질병을 예방해 준다. 또 피부를 탱탱하게 유지시키고, 치매를 예방하며, 머리카락의 윤기를 더해 준다.

저칼로리 식품으로 다이어트에 효과적

두부는 대표적인 다이어트 식품 중 하나다. 단백질과 무기질 등 영양소가 풍부하면서도 칼로리가 낮은 데다 비타민 B군이 대사를 촉진시켜 살을 빼는 데 매우 효과적이기 때문. 두부의 주성분인 콩의 펩티드 성분은 기초 대사량의 저하를 막아 요요 현상을 방지해 주기도 한다.

다기능 식품, 착한 가격이 가장 큰 장점

두부는 위에서 나열한 바와 같이 다양한 기능을 지닌 데다 무엇보다 가격이 착해 주부들의 마음을 사로잡는다. 그냥 먹어도 좋고, 두부를 활용해 만들 수 있는 요리 또한 무궁무진하므로 그야말로 '매일 두부'로 손색이 없다. 국내산 콩을 사용해서 만든 두부는 300g 기준, 1팩 또는 1모에 3천원 선이니 두부 한 모면 반찬과 일품요리 등 식탁이 풍성해진다.

이렇게도 다양한 두부 이야기

찌개용 두부

두부 특유의 담백한 맛이 나며, 부침용 두부에 비해 부드러워 으깨지기 쉽다. 국이나 찌개를 끓일 때는 두부를 물에 담가 간수를 뺀 후 다른 채소들이 어느 정도 익었을 때 요리에 얹어서 뒤섞지 말고 그대로 끓인다.

부침용 두부

비교적 단단하고 탄력을 지니고 있어 부침이나 조림 등 다양하게 요리할 수 있다. 조리 전 면보나 키친 페이퍼로 간수와 물기를 제거해야 기름이 튈 염려가 없고, 더 고소하고 담백한 맛을 즐길 수 있다.

연두부

연두부는 진한 두유 액을 구멍이 없는 일정한 틀에 넣어서 물기를 짜지 않고 그대로 응고시킨 두부다. 일반 두부에 비해 표면이 매끄럽고 부드러운 것이 특징. 간식이나 샐러드, 아침 식사 대용으로 적당하고, 순두부찌개, 국, 일반 찌개 등에 넣어도 담백하고 맛있다. 소스가 첨부되어 있는 것도 있으므로 오이나 새싹채소 등 몇 가지 채소만 곁들이면 영양 걱정 없이 다이어트 식으로도 훌륭하다.

순두부

순두부는 응고된 두유 액을 눌러 짜지 않고 멍울진 상태로 건져내어 그대로 먹는 두부다. 작게 몽글몽글 응어리지거나 큼직하게 덩어리로 된 것 등이 있다. 맑게 끓여서 간장 양념을 끼얹어 먹어도 맛있고, 매콤하게 찌개에 넣어 먹기도 하는데 너무 오래 끓이면 으스러지고 맛도 떨어지므로 나머지 재료들이 어느 정도 익으면 맨 마지막에 넣는다.

다양한 맛두부

아이들의 입맛을 고려한 카레맛 두부와 자장맛 두부, 물기가 거의 없어서 기름에 굽기 좋은 부쳐 먹는 두부, 건강을 생각한 검은콩 두부 등 종류도 점차 다양해지고 있다. 기호에 따라 골라 먹기 좋고, 그대로 굽거나 달걀물을 묻혀 구우면 한 끼 반찬으로 든든하다.

스마트 패키지

시판 두부를 살펴보면 분량이 대개 300~350g으로, 보통 1모 정도의 크기라고 보면 된다. 소가족인 경우 1모가 한 끼 식사로는 많을 수 있어 요즘엔 1인 가족을 위한 소량의 패키지 제품들이 많이 나오고 있다. 한 번 사용할 분량만큼 따로 포장해 놓아 신선도를 비교적 오래 유지할 수 있는 것이 장점.

건강하고 맛있는 시판 두부 고르기

유통 기간 확인은 필수 두부는 상하기 쉬운 식품이므로 유통 기간 확인은 기본. 아무리 좋은 유기농 재료로 만들었다고 해도 유통 기한을 넘기면 상하기 쉽기 때문이다. 우선 3~4일 정도 여유가 있는지 확인하고, 가급적 유통 기한이 넉넉한 것을 고른다. 보관할 때는 밀폐 용기에 담고 물을 부어 냉장 보관하는 것이 좋다.

콩 종류를 따진다 두부의 질은 간수와 콩에 의해 좌우된다. 따라서 두부를 고를 때 콩의 종류를 따지는 것은 당연지사. 우선 포장 용기에서 수입 콩인지 국내산인지 원산지를 확인하고, 유기농 콩인지, 발아 콩인지도 살펴본다. 자칫 수입 콩의 경우 유전자 변형 콩일 가능성도 있으므로 꼼꼼히 체크한다.

인공 첨가물을 확인한다 시판 두부의 경우 대부분 인공 첨가물은 배제하는 편이다. 하지만 간혹 소포제, 유화제, 화학 응고제 등 인공 첨가물이 함유된 두부도 있으므로 깐깐하게 확인한다.

행복한콩
순두부·연두부
국산콩
연두부
맛있는
콩두부
우리콩순두부
소이데이 Soyday
클래식
초당두부
국산콩두부
신선한
네모
국산콩
순두부
아이사랑
요리두부
종가집
콩으로
아이사랑
요리두부
종가집
콩으로
Morning tofu
모닝두부
VIPS Sesame
고소한
뜸두부

두부 요리가 더 만만해지는 비법들

우선 간수부터 빼고

물에 담가 둔다

두부를 만들 때 응고제로 쓰이는 간수. 두부는 간수를 빼고 조리해야 두부 고유의 고소하고 담백한 맛을 즐길 수 있다. 찌개나 국 등을 끓일 때는 먹기 좋은 크기로 썰어서 1시간 이상 물에 담갔다가 조리한다.

면보나 키친 페이퍼로 감싼다

두부는 기름에 굽거나 튀길 경우 물에 담가 간수를 제거해도 조리 직전 다시 물기를 닦아야 한다. 두부를 적당한 크기로 썬 다음 면보나 키친 페이퍼에 나란히 얹어서 30분 정도 두면 간수와 물기가 한 번에 빠진다. 연두부도 마찬가지. 연두부 샐러드 등을 할 때 연두부를 면보나 키친 페이퍼로 살살 감싸서 30분 정도 체나 도마 위에 얹어둔 후 조리한다.

순두부는 체에 올린다

순두부는 쉽게 으스러지기 때문에 채반이나 체 등을 활용해 간수를 뺀다. 체에 면보나 키친 페이퍼를 깔고 그 위에 순두부를 큼직하게 떠얹어 간수를 제거한다. 이때 소금을 살짝 뿌리면 간수가 더 잘 빠지고 심심하게 간이 배어 그냥 먹어도 고소하다.

무게 있는 것을 얹는다

두부는 조리 방법에 따라 수분을 어느 정도 뺄지 미리 결정한다. 가령 튀김 요리를 할 때는 물기를 충분히 제거해야 하는데, 면보나 키친 페이퍼로 감싼 후 두부와 비슷하거나 약간 무거운 정도의 접시나 도마 등을 위에 얹는다. 30분 이상 방치해 물기가 빠지면 키친페이퍼 등으로 표면의 물기를 닦아낸다.

전자레인지에 가열한다

시간이 정 없을 때는 전자레인지를 이용한다. 두부를 내열 용기에 담고 랩을 씌우거나 두부 전체를 키친 페이퍼로 감싼 후 내열 용기에 담아 전자레인지에서 1~2분 정도 가열한다. 전자레인지에서 꺼내면 표면의 물기를 닦는다.

남으면 이렇게 보관하고

물에 담가 냉장 보관

두부는 지방산과 수분이 많아 산패와 미생물에 의한 변질이 쉬운 식품. 쓰고 남은 두부는 밀폐 용기에 담고 완전히 잠기도록 찬물을 부은 뒤 뚜껑을 덮어 냉장 보관한다.

소금으로 신선도 유지

찬물에 담가 냉장고에 보관할 경우 물에 소금을 조금 넣으면 신선도를 오래 유지할 수 있다. 며칠 보관할 생각이라면 매일 물을 새로 갈아주는 것이 좋다.

두부 보관 전용 용기 활용

두부 보관 시에는 전용 용기를 활용하면 편리하다. 두부 1모 크기의 보관 전용 용기 안에는 손잡이가 달린 작은 받침대가 들어 있어 물에 담가 보관 후 꺼내 쓸 때 편리하다.

두부가 더 맛있어지는 순간들

볶아 먹고 싶을 때

두부 볶음 요리를 할 때 두부만 따로 볶는 경우는 드물다. 대부분 채소나 해산물 등과 섞어서 볶는데,
이때 두부를 미리 굽는 등 몇 가지 규칙과 순서를 알아두면 두부의 맛이 한층 더 살아난다.

1 두부 볶음 요리를 할 때는 볶기 전에 먼저 두부를 노릇노릇하게 굽는다. 그래야 다른 재료들과 함께 볶아도 잘 으스러지지 않는다.

2 달군 팬에 기름을 두르고 마늘이나 굵은 파 등 향채를 볶는다. 기름에 향긋한 맛이 배어 두부를 볶았을 때 풍미가 훨씬 좋아진다.

3 나머지 재료들을 먼저 볶은 후 마지막에 구운 두부와 양념을 넣고 볶아야 모양이 흐트러지지 않는다.

조림 해 먹고 싶은 날

두부 부침 다음으로 선호하는 두부 조림. 양념장을 맛있게 만들어 조리는 것만으로 한 끼 반찬으로 손색없다.
중간 중간 양념장을 끼얹어 가며 조려서 두부 속까지 간이 배도록 하는 것이 포인트.

1 두부는 큼직하게 썰어 소금으로 심심하게 간한 뒤 간수를 제거한다. 두부에 소금을 살짝 뿌리면 간수와 물기가 잘 빠지고 조리할 때 잘 으스러지지 않는다. 달군 팬에 기름을 두르고 두부를 앞뒤로 노릇노릇하게 굽는다.

2 구운 두부 위에 양념장을 골고루 붓고 조린다. 담백한 두부조림이라면 녹말가루를 묻히지 않은 채 굽고, 양념을 겉에 묻히듯이 살짝만 조릴 때는 두부에 녹말가루를 입힌 뒤 앞뒤로 바삭하게 구워 조린다.

3 두부조림을 할 때 간이 충분히 배게 하려면 두부를 한 켜씩 올릴 때마다 양념장을 고루 뿌리고, 중간 중간 흘러내린 양념장을 수시로 끼얹는다.

부치거나 지지거나

두부 요리의 최고봉 부치기. 두부의 본맛을 살리면서 손쉽게 조리할 수 있기 때문이다. 요리가 쉬운 만큼
밑 손질 및 밀가루나 달걀 물 입히기, 불 조절 등 기본 규칙을 알아두면 요리가 쉬워진다.

1 두부는 소금으로 심심하게 밑간을 한 뒤 면보나 키친 페이퍼에 얹어 간수와 물기를 제거한다. 두부에 소금을 살짝 뿌리면 두부가 쉽게 으스러지지 않고 간수가 잘 빠진다.

2 두부는 소금 간만 해서 그대로 부쳐 먹어도 제맛이 난다. 밀가루를 묻혀 굽거나 밀가루를 묻힌 두부에 달걀 물을 입혀 구우면 고소한 맛이 더 풍부해진다. 밀가루는 눅눅해지지 않도록 부치기 직전 넉넉히 묻히고 여분의 가루는 털어낸다.

3 달군 팬에 기름을 충분히 두르고 두부를 가지런히 얹어서 부친다. 너무 센 불에서 구우면 속이 익지 않은 상태에서 겉만 타버릴 수 있으므로 중·약불에서 천천히 부친다.

튀겨 보고 싶을 때

두부에는 수분이 많으므로 튀길 때 세심한 주의가 필요하다. 맛있는 두부 튀김을 먹으려면
우선 간수를 충분히 빼고, 튀기기 직전 녹말가루를 넉넉히 묻힌 후 여분의 가루는 털어내고 튀긴다.

1 두부 튀김은 큼직하게 썰어야 먹음직스러워 보이고 튀겼을 때 겉은 바삭하고 속은 부드럽다. 먼저, 두부의 수분을 최대한 제거할 것. 두부를 면보나 키친 페이퍼로 감싸 30분 이상 두거나 두부 무게와 비슷한 도마나 접시를 위에 얹어 30분 정도 두었다가 물기를 말끔히 닦는다.

2 두부를 튀기기 직전 녹말가루를 골고루 묻히고 여분의 가루는 털어낸다. 녹말가루는 미리 묻혀 두면 두부의 수분 때문에 눅눅해진다. 녹말가루를 묻혀 튀기면 두부 튀김이 한결 바삭하다.

3 170℃ 정도로 달군 기름에 두부를 넣고 튀긴다. 기름에 나무 젓가락을 넣어 봐서 3초 정도 후에 기포가 올라오면 적당한 온도다. 두부를 기름에 넣은 후 잠시 그대로 둔다. 그래야 기름이 탁해지지 않고 녹말가루가 두부에 잘 달라붙는다. 어느 정도 익으면 뒤집어 노릇노릇해질 때까지 더 튀긴다.

그리고 또 다른 조리법들

두부는 뭐니 뭐니 해도 따뜻하게 데워서 양념장에 찍어 먹거나 잘 익은 김치를 얹어 먹는 것이 가장 맛있다. 두부 본래의 고소한 맛을 가장 잘 느낄 수 있고, 두부를 따뜻하게 데치기만 하면 되므로 반찬 없는 날 손쉽게 해 먹기 그만이다.

01 끓는 물에 소금을 약간 넣고 두부를 데친다. 소금을 넣는 것은 두부가 으스러지는 것을 방지하기 위해서다. 두부는 통째로 넣어 데치거나 큰 것은 반으로 잘라 데치고, 크기에 따라 5~10분 정도 데친다. 불이 너무 세면 두부가 으깨질 수 있으므로 중불 정도에서 데친다. 두부가 속까지 따뜻하게 데워지면 면보나 키친 페이퍼에 얹어서 물기를 제거한 후 썰어야 접시에 담았을 때 물기가 흥건히 배어나오는 것을 막을 수 있다.

02 두부를 물에 데치거나 물기를 제거하는 것이 번거롭다면 전자레인지를 이용한다. 두부를 먹기 좋은 크기로 썬 다음 내열 용기에 돌려 담고 전자레인지를 1~2분 정도 가동한다. 면보나 키친 페이퍼로 물기를 닦은 후 그릇에 담는다.

으깨기

만두 속이나 두부완자 등 두부를 으깨어 조리할 때는 두부를 도마에 올려놓고 칼을 비스듬히 눕혀서 손으로 칼등을 지그시 눌러가며 으깬다. 두부가 부드럽기 때문에 쉽게 으깨진다. 또 두부를 면보로 감싸 비틀면서 짜면 간수와 물기가 동시에 제거되면서 곱게 으깰 수 있다.

보푸라기 만들기

두부 보푸라기는 덮밥, 비빔밥, 김밥 등에 넣어 조리하면 맛있다. 보푸라기를 만들 때에는 먼저 두부를 면보나 키친 페이퍼로 감싸서 간수를 빼고, 칼등으로 지그시 눌러가며 으깬다. 혹은 두부를 면보로 감싸 비틀면서 간수와 물기를 제거하고 으깨도 좋다. 마른 팬에 으깬 두부를 넣고 주걱으로 다시 곱게 으깨면서 약한 불에서 달달 볶는다. 물기가 없어지면서 포슬포슬해질 때까지 볶는 것이 포인트. 그 다음 참기름을 두르고 좀 더 볶으면서 밑간을 한다.

두부 애인, 양념장과 소스

두부 위에 양념장

조림, 볶음 등 두부 요리를 할 때 자주 사용하는 몇 가지 양념장을 미리 익혀 두면 스피디 요리가 가능하다.
무엇보다 양념장 몇 가지로 두부 요리가 만만해진다.

1 중국식 볶음 양념

간장·굴소스·물 1큰술씩, 청주 2작은술, 설탕 ½작은술,
후춧가루 약간 등 분량의 재료를 한데 섞는다.

2 조림 양념

간장·국간장·고춧가루·청주·다진 파 1큰술씩, 다진 마
늘·참기름 ½큰술씩, 설탕 2작은술, 통깨 1작은술 등 분량
의 재료를 한데 섞는다.

3 데리야키 양념

간장 3큰술, 설탕·맛술 1큰술씩, 다시마 국물 4큰술 등 분
량의 재료를 한데 섞는다.

4 강정 양념

고추장 1½큰술, 맛술 1큰술, 고춧가루 ½큰술, 설탕·간장·
참기름·올리고당·다진 마늘 1작은술씩, 후춧가루 약간, 물
2큰술 등 분량의 재료를 한데 섞는다.

두부 옆에 샐러드 소스

두부는 간수를 뺀 뒤, 조리하지 않고 샐러드로 만들어 먹어도 부족함이 없는 식재료다.
함께 먹는 채소나 부재료에 따라 참깨, 간장, 땅콩 등으로 소스를 만들어 적절하게 곁들인다.

1 땅콩소스

레몬즙 2큰술, 땅콩버터·통깨·물 1큰술씩, 설탕 1작은술, 간장 ½작은술, 소금 ⅓작은술을 준비한다. 통깨를 분마기에 갈은 뒤 나머지 재료들을 한데 넣고 고루 저으면서 섞는다.

2 새콤달콤 간장소스

간장·식초 2큰술씩, 곱게 갈은 참깨·다진 파 1큰술씩, 설탕 ½큰술, 참기름 1작은술, 후춧가루 약간 등 분량의 재료를 한데 섞는다.

3 호두참깨소스

호두·통깨 1큰술씩, 간장·물 2작은술씩, 맛술·참기름 1작은술씩, 설탕 ⅓작은술을 준비한다. 호두와 통깨를 분마기에 넣고 으깨면서 갈은 후 나머지 재료들을 한데 넣고 섞는다.

4 두부딥소스

두부 100g, 양파 ⅛개, 마늘 1쪽, 식초 1½큰술, 설탕 1작은술, 소금 ⅓작은술을 준비한다. 물기를 꼭 짠 두부와 재료들을 한데 담아 핸드 블렌더로 곱게 간다.

두부로 시작하는 건강한 다이어트

피망, 당근 등 비타민이 풍부한 채소와 함께

두부는 영양이 풍부하고 소화 흡수가 뛰어난 식품이지만 비타민 A와 C의 함량은 매우 낮다. 따라서 두부 다이어트를 할 때는 당근이나 피망, 토마토, 양배추 등 비타민이 풍부한 채소를 충분히 곁들여 먹는다.

단, 시금치와 두부는 함께 먹지 않는다. 시금치에 있는 초산과 두부의 칼슘이 상호작용을 하면 초산칼슘이라는 응고 물질이 만들어지는데, 이 초산칼슘이 시금치의 칼슘과 두부의 단백질 흡수를 방해하기 때문이다.

식이섬유를 보충해 주는 배추김치도 훌륭한 궁합

두부김치는 맛뿐 아니라 영양적으로도 궁합이 잘 맞는 음식. 고소한 두부를 매콤 아삭 배추김치와 함께 먹으면 맛과 식감이 뛰어나고 무엇보다 배추의 비타민 C와 식이섬유, 두부의 식물성 단백질을 동시에 섭취할 수 있다.

두부 다이어트를 할 때는 두부에 부족한 영양 성분을 고려해 기타 재료를 선택하는 것이 포인트. 비타민 보충을 위해 신선한 샐러드를 곁들이고, 동물성 단백질을 보충하기 위해 지방이 적은 닭 가슴살이나 생선 요리를 함께 먹으면 금상첨화. 현미나 잡곡밥도 챙겨 먹으면 부족할 수 있는 탄수화물도 보충할 수 있다.

톳, 미역 등 요오드를 보충해 주는 해조류

두부는 단백질과 무기질 등이 풍부하지만 두부의 사포닌 성분은 몸속의 요오드를 배출시키는 작용을 한다. 따라서 칼슘과 요오드가 풍부한 미역이나 톳, 다시마 등 해조류와 함께 먹는 것이 좋다. 요오드 공급이 제대로 이뤄지지 않을 경우 신진대사가 완만해져 비만의 원인이 되기도 하므로 효과적인 다이어트를 위해 요오드 섭취는 필수다.

아미노산이 풍부한 생선도 OK

등 푸른 생선에는 양질의 단백질과 오메가3 지방산, 비타민 D 등이 풍부하므로 일주일에 3일 정도는 섭취하도록 한다. 특히 두부와 함께 먹으면 서로 부족한 영양 성분을 보충해 줄 수 있다. 생선에는 두부 단백질에 부족한 아미노산이 풍부하며, 또 비타민 D는 두부 속에 들어 있는 칼슘의 체내 흡수를 도와준다.

두부 싫어하는 아이들 항복시키는 궁극의 조리법

다른 재료들 속에 감춰서 조리한다

두부는 맛이 강하지 않고, 곱게 으깰 수도 있기 때문에 아이들 모르게 다른 재료들 속에 쏙 감추어서 조리하기 그만이다. 양파, 올리브유 등과 함께 곱게 갈아서 샐러드 소스로 활용해도 좋고, 아이들이 좋아하는 간식인 햄버거나 미트볼, 햄버그스테이크를 만들 때 고기와 두부를 섞어서 패티를 만들면 두부 싫어하던 아이들도 잘 먹는다. 또 고기 대신 두부를 바삭하게 튀겨서 과일과 함께 새콤달콤한 두부탕수를 만들어도 아이들이 참 좋아한다.

달콤한 디저트에 활용한다

두부의 부드럽고 고소한 맛에 달콤함을 더해 디저트를 만들어 보는 것도 한 방법이다. 과일 스무디를 만들 때 부드러운 연두부를 으깨 넣으면 맛에는 크게 변화가 없으면서 영양과 포만감을 더할 수 있다. 또 두부를 곱게 갈아서 메이플 시럽과 견과류 등을 더해 두부크림 디저트를 만들어도 부드럽고 달콤해서 아이들의 식욕을 자극할 수 있다.

이외에 아이들이 좋아하는 두부과자는 맛이 강하지 않아서 출출할 때 간식으로 그만이다. 갖가지 견과류나 말린 과일 등을 넣어 만들면 고소하고 달콤한 맛에 영양까지 더할 수 있어서 금상첨화다.

두부 놀이로 친근감을 준다

두부에는 아기의 성장을 돕는 모든 영양소가 골고루 들어 있다. 게다가 부드럽고 소화도 잘 되기 때문에 아기들 이유식 재료로 자주 쓰이는데, 어릴 때부터 다양한 맛에 길들여지는 것이 무엇보다 중요하다. 또 두부는 부드러운 촉감 때문에 평소 아이들 놀잇감으로 자주 애용되곤 한다. 자르고 으깨고 쌓으면서 친해지다 보면 자연스럽게 두부 반찬에도 거부감이 없어지게 된다.

꼬치 등을 활용해 흥미롭게 만든다

두부를 작게 자르거나 굽고, 꼬치를 꿰는 등 아이와 함께 두부로 간식을 만들어 보는 것도 좋은 방법이다. 두부를 작게 잘라 녹말가루를 입히고 팬에 바삭하게 굽는다. 꼬치에 꿰어 아이들 좋아하는 토마토케첩고추장 소스나 된장 소스 등을 발라 주면 직접 만든 간식이라 뿌듯하고, 또 한 개씩 들고 먹을 수 있어서 아이들이 좋아한다.

실전 메뉴 하나!

두부과자

재료 | 두부 150g, 밀가루(박력분) 200g, 달걀 1개, 설탕 6큰술, 소금 ¼작은술, 검은깨 2큰술

1 두부는 면보로 감싸서 물기를 꼭 짠 뒤 으깨어 포슬포슬하게 준비한다. 두부에 물기가 많이 남아 있으면 과자가 바삭거리지 않는다. 밀가루는 체에 친다.

2 달걀은 볼에 담아 알끈을 제거한 후 곱게 푼다. 여기에 설탕과 소금을 분량대로 넣고 거품기로 고루 섞은 다음 으깬 두부를 넣는다.

3 ②에 체에 친 밀가루와 검은깨를 넣고 고무주걱으로 선을 긋듯이 대충 섞은 후 한 덩어리가 될 정도로 반죽한다. 너무 오래 치대면서 반죽하면 구웠을 때 쿠키가 딱딱해지므로 주의한다. 적당한 농도로 완성된 반죽은 랩으로 싸서 냉장고에 30분 정도 둔다.

4 ③은 반죽이 들러붙지 않게 밀가루를 뿌리면서 밀대로 밀어 0.2~0.3cm 두께로 넓게 편 다음 원하는 모양대로 자르거나 쿠키 틀로 찍는다. 이때 포크로 군데군데 구멍을 내면 구웠을 때 부풀어 오르지 않는다.

5 유선지 위에 ④를 가지런히 얹고 180℃ 오븐에서 12~13분 정도 굽는다. 굽는 시간과 온도는 오븐에 따라 약간 차이가 날 수 있지만, 너무 오래 구우면 쿠키가 딱딱해지므로 시간 조절에 신경 쓴다.

그리하여
두부 없이는 못 살게 되는
우리들의
식탁 이야기가 시작됩니다.

도대체 두부를 무슨 맛으로 먹지?
그래 봤자 두부지, 별수 있나?
오늘도 또 두부를?
아, 그러지 말고 고기 반찬 좀 해주지!
말도 많고 탈도 많은 매일매일의 밥상머리…
그럼 이제부터
투덜대는 식구들 기죽일 만한
야심만만 두부 잔치를 보여 드리겠습니다.

두부의 나날들

식구들 입이 호강하는 두부 별미 마흔한 가지

※ 재료는 모두 2인분 분량입니다.
※ 1작은술 = 5cc, 1큰술 = 15cc, 1컵 = 200ml입니다.

오늘도 두부 ❶

국에도 찌개에도 퐁당

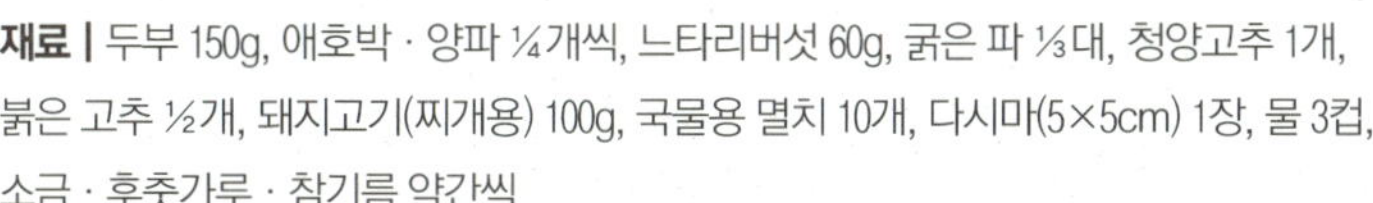

재료 | 두부 150g, 애호박 · 양파 ¼개씩, 느타리버섯 60g, 굵은 파 ⅓대, 청양고추 1개,
붉은 고추 ½개, 돼지고기(찌개용) 100g, 국물용 멸치 10개, 다시마(5×5cm) 1장, 물 3컵,
소금 · 후춧가루 · 참기름 약간씩
찌개 양념 고추장 · 고춧가루 · 간장 1큰술씩, 청주 ½큰술, 다진 마늘 2작은술, 참기름 1작은술

1 두부는 먹기 좋은 크기로 큼직하게 썰어서 물에 담가 간수를 뺀다.

2 애호박은 반달 모양으로 도톰하게 썰고, 양파는 굵게 채 썬다. 느타리버섯은
밑동을 자르고 적당한 굵기로 가른다. 굵은 파는 어슷하게 썰고, 고추는 동글게
썰어서 속씨를 뺀다. 돼지고기는 한입 크기로 썬다.

3 멸치는 머리와 내장을 제거하고, 다시마는 젖은 면보로 가루를 닦는다.

4 ③의 멸치는 냄비에 약한 불로 볶다가 노릇노릇해지면 다시마와 분량의 물을
넣고 센 불에서 한소끔 끓인다. 끓어오르면 불을 줄이고 거품을 걷어내며 10분
정도 더 끓이다가 체에 거른다.

5 찌개 양념 재료는 골고루 섞어서 분량의 반만 돼지고기에 넣고 골고루 무친
후 달군 냄비에 참기름을 살짝 두르고 달달 볶는다.

6 ⑤는 타지 않도록 약한 불에서 ④의 육수를 1~2큰술 정도 넣어가며 볶다가
육수를 전부 넣고 끓인다. 떠오르는 거품은 걷어낸다.

7 ⑥에 애호박과 양파를 넣고 끓이면서 나머지 찌개 양념을 풀어 넣고 호박이
거의 익으면 두부와 느타리버섯을 가지런히 넣고 좀 더 끓인다. 마지막에 굵은
파와 고추를 넣고 한소끔 더 끓인다. 간은 소금과 후춧가루로 맞춘다.

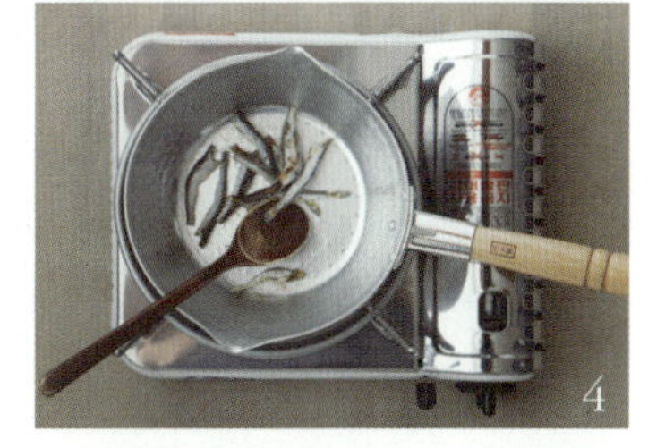

두부차돌박이된장찌개

재료 |

두부 100g

애호박 · 양파 ¼개씩

새송이버섯 40g

청양고추 1개

붉은 고추 ½개

굵은 파 ⅓대

쇠고기(차돌박이) 100g

다시마(5×5cm) 1장

물 2⅔컵

찌개 양념

된장 2큰술, 다진 마늘 ½큰술

고춧가루 1작은술

소금 약간

1 두부는 한입 크기로 썰어서 물에 담가 간수를 빼고, 애호박은 길게 십자 모양으로 4등분해서 도톰하게 썬다.

2 양파는 네모지게 썰고, 새송이버섯은 밑동을 자르고 반으로 가른 후 다시 반으로 갈라 도톰하게 썬다. 고추는 송송 썰어서 속씨를 제거한다. 굵은 파는 동글게 송송 썰고, 차돌박이는 한입 크기로 썬다.

3 다시마는 젖은 면보로 표면을 닦고 분량의 물에 넣어 끓인다. 한소끔 끓으면 불을 줄이고 거품을 건져내며 5분 정도 더 끓이다가 다시마는 건지고 된장을 푼다.

4 ③에 양파와 애호박을 넣고 끓이다가 애호박이 어느 정도 익으면 버섯과 두부를 넣고 한소끔 끓인다.

5 ④에 차돌박이와 다진 마늘, 고춧가루를 넣고 끓이다가 고기 색이 변하고 국물 맛이 우러나면 파와 고추를 함께 넣어서 좀 더 끓인다. 거품은 건져내고 부족한 간은 불에서 내리기 직전 소금으로 맞춘다.

POINT 굴을 손질할 때는 뭉개지지 않도록 소금물에 넣고 살살 흔들어 씻는다. 또 찌개 요리에는 마지막에 넣고 살짝만 끓여야 탱글탱글 부드럽고 맛있다.

재료 |

두부 100g
굴 80g
무 70g
굵은 파 ⅓대
청양고추 · 붉은 고추 1개씩
다시마(5×5cm) 1장
물 2컵

찌개 양념

새우젓 국물 · 다진 마늘 2작은술씩
참기름 ¼작은술
소금 · 후춧가루 약간씩

1 두부는 먹기 좋은 크기로 썰어 물에 담가 간수를 뺀다.

2 굴은 소금물에 살살 흔들어 씻고 물에 한번 헹군 뒤 체에 밭쳐 물기를 뺀다.

3 무는 큼직하고 납작하게 썰고, 굵은 파는 3cm 길이로 토막 낸 후 굵게 채 썬다. 고추는 반으로 갈라 속씨를 빼고 파와 비슷한 길이로 채 썬다.

4 다시마는 젖은 면보로 표면의 흰 가루를 닦고, 찌개 양념용 새우젓은 국물만 따로 받아둔다.

5 분량의 물에 다시마와 무를 넣고 한소끔 끓이다가 불을 줄이고 5분 정도 더 끓여 무가 살캉거리게 익으면 다시마만 건진다.

6 ⑤에 두부를 넣고 한소끔 끓인 후 굴과 새우젓 국물, 다진 마늘을 넣고 좀 더 끓인다.

7 ⑥에 굵은 파와 고추를 넣고 한소끔 끓인다. 부족한 간은 소금으로 맞추고 참기름과 후춧가루로 풍미를 더한다. 칼칼한 맛을 좋아하면 청양고추를 더 넣거나 고춧가루를 약간 넣어도 좋다.

POINT 콩나물은 데치거나 찌개에 넣고 끓일 때 뚜껑을 덮어야 콩 비린 내가 나지 않는다. 한소끔 끓어오르면 불을 줄이고 구수한 냄새가 날 때까지 좀 더 끓인다.

1 두부는 먹기 좋은 크기로 큼직하게 썰어서 물에 담가 간수를 뺀다.

2 콩나물은 지저분한 꼬리 부분을 떼어내고 다듬어 씻는다. 양파는 굵게 채 썰고, 고추는 어슷하게 썰어 속씨를 제거한다. 굵은 파도 어슷하게 썬다.

3 고기는 먹기 좋은 크기로 썬 뒤 키친 페이퍼에 얹어 핏물을 뺀다.

4 다시마는 젖은 면보로 표면의 흰 가루를 닦은 뒤 분량의 물에 넣고 한소끔 끓이다가 고기를 넣어 함께 끓인다.

5 ④의 거품은 걷어내고 바글바글 끓으면 불을 줄이고 5분 정도 더 끓이다가 다시마는 건지고 고기 국물이 어느 정도 우러날 때까지 끓인다.

6 ⑤에 된장과 고추장을 풀고 콩나물을 넣은 뒤 뚜껑을 덮는다. 한소끔 끓으면 불을 줄이고 구수한 냄새가 날 때까지 좀 더 끓인다.

7 ⑥에 양파를 넣고 두부를 얹은 후 고춧가루와 다진 마늘, 국간장을 넣고 끓이다가 고추, 굵은 파를 넣고 부족한 간은 소금으로 맞춘다.

재료 |

두부 150g

콩나물 100g

양파 ¼개

풋고추 · 붉은 고추 ½개씩

굵은 파 ⅓대

쇠고기(양지 혹은 국거리) 100g

다시마(5×5cm) 1장, 물 3½컵

찌개 양념

된장 · 고추장 1큰술씩

다진 마늘 · 국간장 ½큰술씩

고춧가루 ½작은술

소금 약간

입맛 없고 괜히 으슬으슬한 날,
야들야들 매콤한 순두부찌개 한 냄비요!

달걀 한 개 톡 깨서 넣고, 한 국자 푹 떠다가 하얀 밥에 쓱쓱 비비면
꿀떡꿀떡 넘어가는데 무슨 말이 더 필요하겠어요?

재료 |

순두부 250g
굵은 파 ⅓대
청양고추 1개
붉은 고추 ½개
모시조개 150g
돼지고기(찌개용) 70g
달걀노른자 1개
물 2컵

찌개 양념

고춧가루 2큰술
다진 마늘 · 새우젓 국물 1큰술씩
청주 · 참기름 2작은술씩
국간장 ½작은술
소금 · 후춧가루 약간씩

1 순두부는 체에 면보나 키친 페이퍼를 깔고 그 위에 큼직하게 떠 얹어 간수를 뺀다. 이때 소금을 살짝 뿌리면 간수가 더 잘 빠지고 간이 심심하게 배어 그냥 먹어도 맛있다.

2 굵은 파는 동글게 송송 썰고, 고추도 동글게 썰어서 속씨를 제거한다.

3 모시조개는 소금물에 담가 해감한 후 씻고, 돼지고기는 한입 크기로 썬다.

4 달군 냄비에 참기름을 두르고 고춧가루를 넣어 약한 불에서 달달 볶다가 고기와 다진 마늘(분량의 반만), 청주, 국간장을 넣고 좀 더 볶는다.

5 ④에 분량의 물을 붓고 바글바글 끓이다가 모시조개와 순두부를 떠 넣고 끓이면서 남은 다진 마늘과 새우젓 국물로 맛을 낸다. 떠오르는 거품은 걷어 낸다.

6 ⑤에 파와 고추를 넣고 끓이면서 소금과 후춧가루로 간을 맞춘다.

7 불에서 내리기 직전 달걀노른자를 조심스럽게 얹는다.

※ 기호에 따라 굴, 새우 등 갖가지 해물을 함께 넣고 끓이면 시원하면서 깊은 맛이 난다.

POINT 참기름에 고춧가루를 넣고 약한 불에서 볶다가 고기와 양념을 넣고 충분히 볶는다. 그래야 양념이 겉돌지 않고 고기의 누린내도 제거된다. 타지 않게 물 1~2큰술을 넣어 가며 볶아도 좋다.

재료 |

순두부 350g
굵은 파 ¼대
붉은 고추 1개
국물용 멸치 10개
다시마(5×5cm) 1장
다진 마늘 ½큰술
국간장 ½작은술
소금 약간
물 2⅓컵

양념장

간장 2큰술
다진 파·다진 고추 1큰술씩
고춧가루·참기름 ½큰술씩
통깨 1작은술

POINT 순두부는 멸치다시마 국물에 큼직하게 떠 넣은 후 뒤섞지 말고 그대로 끓인다. 그래야 순두부가 잘게 으스러지지 않아 떠먹기 편하고 보기에도 먹음직스럽다.

1 순두부는 체에 면보나 키친 페이퍼를 깔고 그 위에 큼직하게 떠 얹어 간수를 뺀다. 이때 소금을 살짝 뿌리면 간수가 더 잘 빠지고 간이 심심하게 배어 그냥 먹어도 맛있다.

2 굵은 파는 송송 썰고, 붉은 고추도 동글게 송송 썰어서 속씨를 제거한다.

3 멸치는 머리와 내장을 제거하고, 다시마는 젖은 면보로 표면을 닦는다.

4 멸치를 냄비에 넣고 약한 불에서 달달 볶다가 구수한 냄새가 나면서 노릇노릇해지면 물을 붓고 다시마도 함께 넣어서 바글바글 끓인다. 한소끔 끓으면 불을 줄이고 거품은 걷어내며 10분 정도 더 끓이다가 국물을 체에 거른다.

5 ④의 멸치다시마 국물을 냄비에 담고 국간장과 다진 마늘, 순두부를 큼직하게 떠 넣어 순두부 속까지 따뜻해지도록 좀 더 끓이다가 송송 썬 파와 고추를 넣는다. 불에서 내리기 직전 소금으로 심심하게 간을 맞춘다.

6 간장 등 양념장 재료를 한데 담아 섞은 후 찌개에 곁들인다.

※ 바지락이나 굴 등 좋아하는 해물을 넣어 끓여도 좋고, 멸치다시마 국물에 김치를 넣고 김치순두부찌개를 만들어도 담백하고 해장에 그만이다.

2

3

4

재료 |

순두부 250g

감자 ½개

느타리버섯 · 팽이버섯 50g씩

양파 ¼개

굵은 파 ⅓대

국물용 멸치 10개

다시마(5×5cm) 1장

들깻가루 4큰술

찹쌀가루 2큰술

들기름 · 다진 마늘 ½큰술씩

국간장 1작은술

소금 · 후춧가루 약간씩

물 3컵

1 순두부는 체에 키친 페이퍼를 깔고 그 위에 큼직하게 떠 얹어 간수를 뺀다.

2 감자는 반달 모양으로 저며 썰고, 느타리버섯은 밑동을 자르고 적당한 굵기로 가른다. 팽이버섯은 밑동을 자르고 다시 반으로 잘라서 적당히 가른다.

3 양파는 굵게 채 썰고, 굵은 파는 어슷하게 썬다. 국물용 멸치는 머리와 내장을 제거하고, 다시마는 젖은 면보로 표면의 흰 가루를 닦는다.

4 들깻가루는 찹쌀가루와 섞어 물 4큰술을 넣어서 곱게 갠다. 찹쌀가루 대신 쌀가루를 사용해도 좋고 기호에 따라 들깻가루 양을 조절한다.

5 멸치는 냄비에서 달달 볶다가 노르스름해지면서 구수한 냄새가 나면 물을 붓고 다시마를 넣어 함께 끓인다. 바글바글 끓어오르면 불을 줄이고 거품은 걷어내며 10분 정도 더 끓인 후 국물을 체에 거른다.

6 냄비에 들기름을 살짝 두르고 감자를 넣고 볶다가 ⑤를 부어 끓인다. 국물이 바글바글 끓으면 양파, 국간장을 넣고 감자가 익을 때까지 한소끔 끓인 후 느타리버섯을 넣고 좀 더 끓인다.

7 ⑥의 재료들이 익으면 ④를 풀어 넣고 순두부를 큼직하게 떠 넣는다.

8 ⑦의 국물이 한소끔 끓으면 다진 마늘과 파를 넣고 끓이다가 소금과 후춧가루로 간을 맞추고, 불에서 내리기 직전 팽이버섯을 넣는다.

POINT 중국식 연두부부추탕은 참기름에 마늘과 파, 보리새우를 볶아 구수하면서도 향긋한 국물 맛을 내는 것이 포인트다. 준비 과정도 간단하고 재빨리 만들 수 있어 아침 해장국이나 수프로 그만이다.

재료 |

연두부 200g
부추 30g
마늘 2쪽
굵은 파 ⅓대
녹말물(녹말가루 ½큰술, 물 1큰술)
말린 보리새우 7g
다시마(5×5cm) 1장
소금 · 참기름 약간씩
물 2½컵

1 연두부는 면보나 키친 페이퍼로 살살 감싸서 체에 얹어 간수를 뺀 후 주사위 모양으로 작게 깍둑썰기 한다.

2 부추는 다듬어 씻어 1cm 길이로 썬다. 마늘은 모양대로 저며 썬 후 채 썰고, 굵은 파는 다지듯이 작게 썬다.

3 녹말가루와 물을 섞어서 녹말물을 준비한다.

4 달군 냄비에 참기름을 약간 두르고 준비한 마늘과 파를 볶다가 보리새우를 함께 넣어 좀 더 볶는다.

5 ④에 젖은 면보로 표면을 닦은 다시마와 분량의 물을 넣고 끓인다. 불을 줄이고 5분 정도 더 끓인 후 다시마는 건지고 연두부를 넣고 좀 더 끓인다.

6 ⑤는 소금으로 간한 후 부추를 넣고 농도를 봐가면서 녹말물을 골고루 섞으며 한소끔 더 끓인다. 불에서 내리기 직전 참기름 몇 방울로 향을 더한다.

 고기 국물을 낼 때 중간에 떠오르는 거품은 걷어내고 끓여야 국물이 깔끔하고 누린내가 나지 않는다.

두부무맑은국

1 두부는 한입 크기로 썰어서 물에 담가 간수를 뺀다.

2 무는 두부와 비슷한 크기로 두껍지 않게 나박 썰기 하고, 굵은 파는 어슷하게 썬다.

3 고기는 먹기 좋은 크기로 썰어 키친 페이퍼에 얹어서 핏물을 뺀다.

4 다시마는 젖은 면보로 표면의 흰 가루를 닦은 뒤 냄비에 분량의 물과 함께 넣어 한소끔 끓인다.

5 ④에 고기를 넣고 좀 더 끓이다가 국물이 끓어오르면 불을 줄이고 거품은 건어내며 5분 정도 끓인다. 다시마는 건져내고 국물이 어느 정도 우러나도록 좀 더 끓인다.

6 ⑤에 무를 넣고 끓여 살캉거리게 익으면 두부와 국간장, 다진 마늘을 넣고 끓이다가 어슷하게 썬 파를 넣고 좀 더 끓인다.

7 불에서 내리기 직전 소금과 후춧가루로 간을 맞춘다.

재료 |

두부 150g

무 100g

굵은 파 ⅓대

쇠고기(양지 혹은 국거리) 100g

다시마(5×5cm) 1장

다진 마늘 ½큰술

국간장 ½큰술

소금 · 후춧가루 약간씩

물 3½컵

지지고 볶아서 반찬으로

두부조림

재료 | 두부 250g, 굵은 파 ⅓대, 붉은 고추 1개, 녹말가루 3큰술, 참기름 ½큰술, 통깨 1작은술,
소금 · 식용유 약간씩
양념장 간장 · 물 2큰술씩, 설탕 · 고춧가루 · 올리고당 · 다진 마늘 1작은술씩

1 두부는 먹기 좋은 크기로 도톰하게 썰어서 소금을 살짝 뿌린 뒤 키친 페이퍼
에 가지런히 얹어 간수를 뺀다.

2 굵은 파는 3cm 길이로 토막 낸 후 가늘게 채 썰고, 붉은 고추는 반으로 갈라
속씨를 제거한 후 굵은 파와 같은 길이로 채 썬다.

3 ①의 두부에 녹말가루를 골고루 묻힌 뒤 여분의 가루는 털어낸다.

4 ③의 두부는 달군 팬에 기름을 넉넉히 두르고 노릇노릇하게 앞뒤로 굽는다.

5 간장, 고춧가루 등 양념장 재료는 한데 담아 골고루 섞는다.

6 냄비에 ④를 가지런히 얹고 ⑤의 양념장을 켜켜이 뿌려 한소끔 끓인 후 불을
줄이고 양념장을 끼얹어 가며 좀 더 조린다.

7 ⑥의 국물이 거의 졸아들면 파 채와 고추 채를 가지런히 얹고, 불을 끈 후 참
기름과 통깨를 뿌려 맛을 낸다.

※ 두부 강정을 만들 때처럼 양념장을 먼저 바글바글 끓이다가 구운 두부를 넣고 양념장을
묻히듯이 살짝만 조리면 겉은 바삭하고 속은 부드러운 두부조림이 된다.

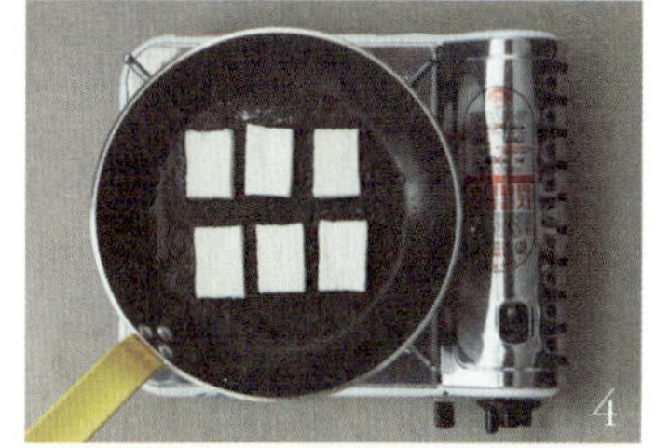

두부고추매운조림

1 두부는 먹기 좋은 크기로 도톰하게 썰어서 소금을 살짝 뿌린 뒤 키친 페이퍼에 가지런히 얹어서 간수를 뺀다.

2 멸치는 머리와 내장을 제거한다. 꽈리고추는 꼭지를 떼고 꼬치로 두세 군데 구멍을 내어 양념이 잘 배게 하고, 양파는 굵게 채 썬다.

3 간장, 고춧가루 등 양념장 재료는 한데 담아 골고루 섞는다.

4 달군 팬에 기름을 두르고 두부를 얹어 노릇노릇하게 앞뒤로 굽는다.

5 구운 두부는 냄비에 넓게 펴 담고 양파 채를 얹은 후 멸치와 꽈리고추를 가지런히 올린다.

6 ⑤에 양념장을 골고루 끼얹고 냄비의 가장자리를 따라 물을 살살 부은 후 한소끔 끓인다. 불을 줄이고 국물이 약간 남아 있을 때까지 국물을 끼얹어 가며 조린다.

1

2

3

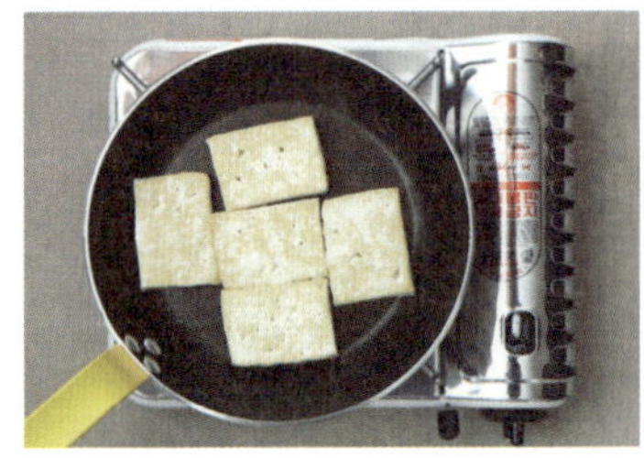

POINT 두부두루치기를 할 때는 단단한 부침용 두부를 사용한다. 소금으로 살짝 간해서 앞뒤로 구운 뒤 조리해야 다른 재료들과 함께 볶을 때 쉽게 으스러지지 않는다.

재료 |

두부 150g
돼지고기(목살 혹은 불고기용) 80g
양파 · 고구마 ½개씩
당근 ¼개
깻잎 4장, 굵은 파 ½대
참기름 ½큰술
통깨 1작은술, 소금 · 식용유 약간씩

양념장

고춧가루 · 간장 1½큰술씩
청주 1큰술
고추장 ½큰술
다진 마늘 · 올리고당 2작은술씩
설탕 · 생강즙 1작은술씩
후춧가루 약간
물 3큰술

1 두부는 먹기 좋은 크기로 도톰하게 썰어서 소금을 살짝 뿌린 뒤 키친 페이퍼에 가지런히 얹어서 간수를 뺀다.

2 돼지고기는 얇게 한입 크기로 썰고, 양파와 깻잎은 굵게 채 썬다. 고구마와 당근은 길게 반으로 갈라서 어슷하게 썰고, 굵은 파는 큼직하게 어슷어슷 썬다.

3 고춧가루 등 양념장 재료는 한데 담아 골고루 섞는다. 양념장의 반만 돼지고기에 넣고 골고루 무친다.

4 끓는 물에 소금을 조금 넣고 당근과 고구마를 약간 아삭할 정도로 데친다.

5 달군 팬에 기름을 두르고 두부를 얹어 앞뒤로 구운 후 그릇에 따로 담아둔다.

6 ⑤의 팬을 키친 페이퍼로 닦은 후 기름을 두르고 양념한 고기를 볶다가 고기가 어느 정도 익으면 양파, 고구마, 당근을 넣고 고구마가 먹기 좋게 익을 때까지 중 · 약불에서 볶는다.

7 ⑥에 부친 두부와 남은 양념장, 파를 넣고 골고루 볶은 후 불을 끄고 깻잎과 참기름, 통깨를 넣고 섞는다. 이때 채 썬 깻잎을 조금 남겨 두었다가 음식 위에 올리면 파릇파릇해서 더욱 먹음직스러워 보인다.

POINT 두부는 푹 잠길 정도의 물에 소금을 조금 넣고 데쳐야 단단해지면서 잘 으스러지지 않는다.

1 두부는 푹 잠길 정도의 끓는 물에 소금을 조금 넣고 따뜻하게 데친 후 키친페이퍼로 물기를 제거하고 먹기 좋은 크기로 썬다.

2 돼지고기는 얇게 한입 크기로 썰어서 볼에 담고 고기 양념을 전부 넣어서 조물조물 무친다.

3 배추김치는 잘 익은 것으로 준비해 속을 털고 물기를 짠 후 한입 크기로 썬다.

4 양파는 굵게 채 썰고, 쪽파는 다듬어서 3~4cm 길이로 썬다. 마늘은 잘게 다진다.

5 달군 팬에 기름을 두르고 다진 마늘을 볶다가 향이 우러나면 양파를 볶는다.

6 ⑤에 양념한 고기를 넣고 볶다가 고기 색이 변하면서 익으면 준비한 김치를 넣고 좀 더 볶는다.

7 ⑥에 고춧가루와 설탕을 넣고 골고루 섞으며 볶다가 마지막에 쪽파와 후춧가루, 참기름과 통깨를 넣고 섞어 김치 볶음을 완성한다.

8 두부를 가지런히 접시에 담고 통깨를 살짝 뿌린 후 김치 볶음을 한쪽에 곁들인다. 깻잎 등 잎채소 위에 김치 볶음을 얹으면 훨씬 먹음직스럽고 국물이 흐르는 것을 막을 수 있다.

재료 |

두부 250g

돼지고기(목살 혹은 불고기용) 100g

배추김치 4장

양파 ½개

쪽파 3뿌리

마늘 2쪽

고춧가루 1큰술

설탕 · 참기름 1작은술씩

소금 · 후춧가루 · 통깨 · 식용유 약간씩

고기 양념

간장 · 청주 · 참기름 1작은술씩

다진 마늘 ½작은술

후춧가루 약간

통통한 명란이 두부를 만났을 때!

두부와 명란이 찜기에서 합방!

1, 2

3

4

재료 |

연두부 250g
명란젓 40g
붉은 고추 1개
굵은 파 ¼대
참기름 ½작은술
소금 · 통깨 약간씩

5

연두부명란젓찜

1 연두부는 면보나 키친 페이퍼로 살살 감싸서 체에 얹어 간수를 뺀다.

2 명란젓은 1~2cm 크기로 작게 자르고, 붉은 고추는 송송 썰어 속씨를 털어낸다. 굵은 파는 동글게 송송 썬다.

3 내열 그릇에 연두부를 큼직하게 수저로 떠 넣은 후 소금을 살짝 뿌리고 명란젓을 군데군데 보기 좋게 올린다.

4 김 오른 찜통에 ③을 넣고 명란젓의 색깔이 어느 정도 변할 때까지 7~8분 정도 찐 다음 고추를 얹고 1~2분가량 더 찐다.

5 ④의 국물을 수저로 적당히 따라 버린 후 참기름을 전체적으로 뿌리고 송송 썬 파와 통깨를 위에 얹는다.

두부바지락찜

1 두부는 큼직하게 썰어서 소금과 후 춧가루를 살짝 뿌린 뒤 키친 페이퍼에 가지런히 얹어서 간수를 뺀다.

2 바지락은 소금물에 충분히 해감한 후 깨끗이 씻는다.

3 굵은 파는 큼직하게 어슷어슷 썬다. 마늘은 얇게 저며 썰고, 청양고추는 송 송 썰어서 속씨를 제거한다.

4 달군 팬에 올리브유를 살짝 두르고 두부를 얹어서 앞뒤로 노릇노릇하게 굽는다.

5 ④에 바지락, 마늘, 청주, 다시마 국 물을 넣고 뚜껑을 덮어서 바지락이 벌 어질 정도로만 찐다.

6 ⑤에 고추와 굵은 파를 넣고, 간장과 후춧가루로 맛낸 후 부족한 간은 소금 으로 맞춘다.

재료 |

두부 200g, 바지락 150g

굵은 파 ⅓대, 마늘 2쪽

청양고추 1개, 청주 1½큰술

간장 ½작은술

소금 · 후춧가루 · 올리브유 약간씩

다시마 국물 혹은 물 ½컵

재료 |

두부 150g

톳 40g

연근 60g

당근 ⅛개

쪽파 1뿌리

통깨 1큰술

간장 ½작은술

참기름 1작은술

식초 · 소금 약간씩

채소 양념

물 2큰술

간장 2작은술

맛술 1작은술

설탕 ¼작은술

1 두부는 끓는 물에 데친 후 식혀서 면보에 담고 물기를 꼭 짜면서 으깬다.

2 톳은 손질한 후 깨끗이 씻어서 물기를 빼고 적당한 길이로 썬다.

3 연근은 큰 것은 4등분, 작은 것은 반달 모양으로 얇게 썰어서 식초를 조금 넣은 물에 5분 정도 담가 두었다가 물에 헹군다.

4 당근은 얇게 반달 모양으로 썰고, 쪽파는 작게 송송 썬다.

5 채소 양념은 한데 섞어 끓인다. 여기에 당근과 연근, 톳을 넣고 양념을 묻혀가며 국물이 졸아들 때까지 볶는다.

6 분마기에 통깨를 곱게 갈다가 ①의 으깬 두부와 간장, 소금 약간, 참기름을 넣어 골고루 섞는다.

7 ⑥에 ⑤를 넣고 골고루 버무린 후 그릇에 담고 위에 송송 썬 쪽파를 뿌린다.

POINT 두부무침을 할 때는 두부의 물기를 없애는 것이 중요하다. 데쳐서 식힌 두부를 면보에 담아 꼭 짜면서 으깨 포슬포슬하게 준비한다.

재료 |

두부 200g

우엉 ⅛대

피망 1개

굵은 파 ⅓대

마늘 2쪽

핫 페퍼 5개

참기름 1작은술

소금 · 식초 · 식용유 약간씩

볶음 양념

간장 · 굴소스 · 물 1큰술씩

청주 2작은술

설탕 ½작은술

후춧가루 약간

1 두부는 4~5cm 길이로 굵게 채 썰어서 소금을 살짝 뿌린 뒤 키친 페이퍼에 가지런히 얹어서 간수를 뺀다.

2 우엉은 껍질을 벗기고 4~5cm 길이로 토막 내서 두꺼운 부분은 반으로 갈라 저며 썬다. 식초를 조금 넣은 물에 5분 정도 담가 두었다가 물에 헹궈서 물기를 제거한다.

3 피망은 반으로 갈라 속씨를 제거한 후 우엉과 비슷한 길이로 채 썰고, 굵은 파도 다른 채소와 비슷한 길이로 토막 내 굵게 채 썬다. 마늘은 잘게 다진다.

4 간장, 굴소스 등 볶음 양념은 재료들을 한데 담아 섞는다.

5 달군 팬에 기름을 두르고 ①을 얹어서 앞뒤로 노릇노릇하게 구운 후 그릇에 따로 담아 둔다.

6 ⑤의 팬을 키친 페이퍼로 닦은 후 기름을 두르고 다진 마늘과 핫 페퍼를 넣고 볶다가 향이 나면 우엉을 넣고 아삭하게 익을 정도로 볶는다.

7 ⑥에 두부와 파, 볶음 양념을 넣고 골고루 섞으면서 볶다가 마지막에 피망을 넣고 좀 더 볶는다. 불에서 내리기 직전 참기름을 넣고 골고루 섞어서 고소한 향을 더한다.

POINT 두부는 소금으로 밑간을 하고 앞뒤로 노릇노릇 구운 후 조리하면 쉽게 으스러지지 않고 속까지 간이 배서 더 고소하고 맛있다.

재료 |
두부 250g
달래 50g
양파 ¼개
달걀 1개
밀가루 3큰술
소금 · 후춧가루 · 식용유 약간씩
채소무침 양념
간장 · 식초 1큰술씩
설탕 · 통깨 1작은술씩
고춧가루 · 다진 마늘 ½작은술씩

1 두부는 큼직하게 썰어 소금과 후춧가루를 살짝 뿌린 뒤 키친 페이퍼에 얹어서 간수를 뺀다.

2 달래는 알뿌리 부분을 다듬어 씻은 후 적당한 길이로 잘라 물기를 제거하고, 양파는 얇게 채 썰어 물에 한번 헹군 후 물기를 뺀다.

3 달걀은 곱게 풀고, 무침 양념 재료는 한데 담아 골고루 섞는다.

4 ①의 두부에 밀가루를 골고루 묻힌 뒤 여분의 가루는 털어내고 달걀물을 곱게 입힌다.

5 달군 팬에 기름을 넉넉히 두르고 ④를 얹어 앞뒤로 노릇노릇하게 부친다.

6 볼에 ②와 무침 양념을 넣고 살짝 무친 후 두부달걀부침에 곁들인다.

※채소는 상추나 영양부추, 깻잎 등 기호에 따라 다양하게 사용한다.

4

5

6

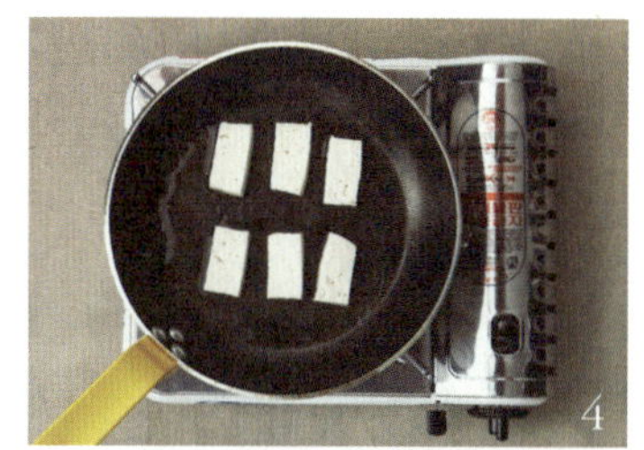

철판두부

재료 |

두부 200g

쇠고기(다진 것) 60g

생표고버섯 2개

피망 · 붉은 파프리카 ½개씩

죽순(통조림) 50g

마늘 2쪽

굵은 파 ⅓대

소금 · 후춧가루 · 식용유 약간씩

볶음 양념

굴소스 · 간장 · 청주 1큰술씩

두반장 ½큰술

녹말가루 · 설탕 1작은술씩

후춧가루 약간

물 ½컵

1 두부는 먹기 좋은 크기로 썰어서 소금을 살짝 뿌린 뒤 키친 페이퍼에 얹어 간수를 뺀다. 굴소스, 간장 등 볶음 양념 재료는 한데 담아 골고루 섞는다.

2 표고버섯은 밑동을 자르고 큰 것은 4등분, 작은 것은 2등분하여 어슷하게 썬다. 피망과 파프리카는 속씨를 제거하고 버섯과 비슷한 크기로 어슷하게 썬다.

3 죽순은 물에 깨끗이 씻어 모양대로 큼직하게 저며 썬다. 마늘은 얇게 저며 썰고, 굵은 파는 4cm 길이로 토막 내 굵은 것은 4등분, 가는 것은 반으로 가른다.

4 ①의 두부는 달군 팬에 기름을 넉넉히 두르고 앞뒤로 노릇노릇하게 구워 그릇에 따로 담아 둔다.

5 ④의 팬을 키친 페이퍼로 닦은 후 기름을 두르고 마늘과 파를 넣고 볶다가 고기를 넣고 함께 볶으면서 소금과 후춧가루로 간한다.

6 ⑤에 표고버섯과 죽순, 파프리카를 넣고 골고루 저으면서 좀 더 볶는다.

7 ⑥의 재료들이 어느 정도 익으면 구운 두부와 피망을 넣어 섞은 후 볶음 양념을 넣고 재빨리 골고루 저으면서 좀 더 볶는다.

두부채소장과 쌈밥

재료 | 두부 100g, 청양고추 · 붉은 고추 1개씩, 굵은 파 ⅓대, 양파 ¼개, 된장 3큰술,
올리고당 · 참기름 ½큰술씩, 다진 마늘 2작은술, 고추장 1작은술
멸치다시마 국물 국물용 멸치 6마리, 다시마(4×4m) 1장, 물 1⅓컵

1 두부는 면보나 키친 페이퍼로 감싸서 간수를 빼고 볼에 담아 으깬다.
2 멸치다시마 국물을 낸다. 냄비에 내장과 머리를 제거한 멸치를 넣고 약한 불
에서 달달 볶다가 구수한 냄새가 나면서 노릇노릇해지면 물을 붓고 다시마를
넣어서 한소끔 끓인다. 바글바글 끓으면 불을 줄이고 떠오르는 거품은 걷어내
며 10분 정도 더 끓인 후 국물을 체에 거른다.
3 청양고추와 붉은 고추는 반으로 갈라 속씨를 제거하고 잘게 썬다. 굵은 파는
잘게 다지듯이 썰고, 양파도 작게 다지듯이 썬다.
4 냄비에 된장과 양파, 멸치다시마 국물 4큰술을 넣고 풀어가며 약한 불에서 끓
이다가 ①의 으깬 두부를 넣고 골고루 섞은 후 올리고당과 고추장을 넣고 좀 더
끓인다.
5 ④의 국물이 줄아들면서 되직해지면 다진 마늘과 고추, 다진 파를 넣고 섞으
면서 좀 더 끓인다. 불에서 내리기 직전 참기름으로 고소한 향을 더한다.
※ 채소와 두부가 듬뿍 들어 있어서 고기 없이 쌈을 싸먹어도 맛있고, 반찬 없을 때 밥에 넣
고 비벼 먹어도 그만이다.

두부참치쌈장

재료 | 두부 70g, 참치(통조림, 작은 것) ½개, 양파 ¼개, 청양고추 1개, 굵은 파 ⅓대, 된장 3큰술, 고추장 1½큰술, 참기름 · 다진 마늘 ½큰술씩, 올리고당 · 통깨 1작은술씩

1 두부는 끓는 물에 소금을 조금 넣고 데친 후 식혀서 면보에 담고 물기를 꼭 짜면서 으깬다.

2 참치는 체에 밭쳐서 기름을 뺀다.

3 양파는 잘게 다진 후 찬물에 한번 헹구고 키친 페이퍼에 얹어서 물기를 뺀다. 청양고추는 반으로 갈라 속씨를 제거하고 잘게 다지고, 굵은 파도 잘게 다지듯이 썬다.

4 볼에 된장과 고추장 등 양념들을 넣고 섞은 후 준비한 두부와 참치, 청양고추, 다진 파, 양파를 넣고 골고루 섞는다.

입이 호강하는 일품요리

두부탕수

재료 |

두부 200g

파프리카(빨강 · 노랑) ½개씩

양파 · 오이 ¼개씩

말린 목이버섯 10g

녹말가루 3큰술

녹말물(녹말가루 ½큰술, 물 1큰술)

소금 약간

식용유 적당량

탕수 소스

식초 3큰술, 설탕 2½큰술

간장 2작은술

소금 약간

물 1컵

1 두부는 한입 크기로 깍둑썰기 해서 소금을 뿌려 심심하게 밑간한 뒤 키친 페이퍼에 얹어 간수를 뺀다.

2 파프리카는 속씨를 제거하고 큼직하게 썰고, 양파도 한입 크기로 큼직하게 썬다.

3 오이는 소금으로 문질러 씻은 후 동글게 썰고, 목이버섯은 미지근한 물에 불렸다가 씻어서 적당한 크기로 자른다. 녹말물 재료는 한데 담아 골고루 섞는다.

4 ①의 두부는 녹말가루를 골고루 묻힌 뒤 여분의 가루는 털어낸다. 170℃로 달군 기름에 두부를 넣고 노릇노릇하게 튀긴다. 기름에 나무 젓가락을 넣어 봐서 3초 정도 후에 기포가 올라오면 적당한 온도다. 체에 담아 한김 식힌 후 다시 한 번 고온에서 재빨리 튀긴다.

5 달군 팬에 기름을 두르고 파프리카, 양파, 목이버섯을 살짝 볶은 후 오이를 넣고 좀 더 볶는다.

6 ⑤에 소스 재료를 넣고 끓이다가 녹말물을 넣고 저어가며 한소끔 더 끓인다. 튀긴 두부를 접시에 담고 소스를 끼얹는다.

두부꽈리고추튀김

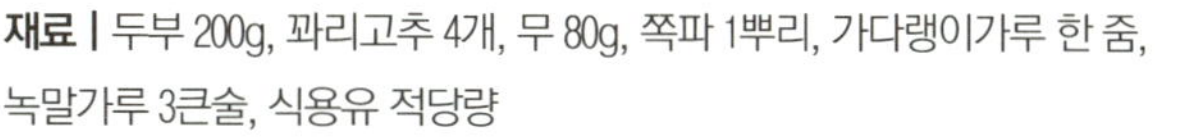

재료 | 두부 200g, 꽈리고추 4개, 무 80g, 쪽파 1뿌리, 가다랭이가루 한 줌, 녹말가루 3큰술, 식용유 적당량

소스 양념 다시마(5×5cm) 1장, 가다랭이가루 한 줌, 간장 · 맛술 2큰술씩, 물 2컵

1 두부는 큼직하게 4등분하고 면보나 키친 페이퍼로 감싸 간수를 뺀다. 꽈리고추는 꼭지를 떼고 깨끗이 씻어 꼬치로 두세 군데 구멍을 낸다.

2 무는 강판에 갈아서 체에 밭쳐 물기를 살짝 짠다. 무가 매콤할 때는 체에 밭쳐 흐르는 물에 가볍게 씻은 다음 물기를 짠다. 쪽파는 송송 썬다.

3 소스를 만든다. 다시마는 젖은 면보로 표면을 닦은 후 분량의 물에 넣어 끓이다가 불을 줄이고 5분 정도 더 끓인다. 여기에 가다랭이가루를 넣고 불을 끈 채 잠시 두었다가 체에 내린다. 국물 한 컵을 다시 끓이면서 간장과 맛술로 간한다.

4 ①의 두부는 튀기기 직전 녹말가루를 골고루 입히고 여분의 가루는 털어낸다.

5 ④의 두부는 170℃로 달군 기름에 튀긴다. 기름에 나무 젓가락을 넣어 봐서 3초 정도 후에 기포가 올라오면 적당한 온도다. 튀긴 두부는 키친 페이퍼에 얹어서 기름을 뺀다.

6 꽈리고추도 기름에 살짝 튀긴다.

7 튀긴 두부와 꽈리고추를 그릇에 담고 소스를 넉넉히 끼얹는다. 갈은 무와 쪽파, 가다랭이가루를 위에 얹어서 소스와 함께 먹는다.

두부연근동그랑땡

재료 |

두부 100g

연근 150g

쇠고기(다진 것) 70g

양파 ¼개

풋고추 · 붉은 고추 1개씩

달걀 1개

밀가루 3큰술

식초 · 식용유 약간씩

반죽 양념

다진 파 1큰술

다진 마늘 · 참기름 1작은술씩

소금 ⅔작은술

후춧가루 약간

초간장

간장 · 식초 1큰술씩

다진 파 · 물 1작은술씩

1 두부는 면보나 키친 페이퍼로 감싸서 체에 얹어 간수를 뺀 후 칼등으로 곱게 으깬다. 혹은 면보에 담아 짜면서 간수를 제거하고 으깬다.

2 연근은 껍질을 벗기고 씻어 0.5cm 두께로 썬 다음 식초를 조금 넣은 물에 아삭하게 데쳐서 물기를 뺀다.

3 고기는 키친 페이퍼로 감싸 핏물을 제거하고, 양파는 곱게 다진다. 고추는 반으로 갈라 속씨를 제거하고 곱게 다진다. 달걀은 곱게 풀어둔다.

4 준비한 두부와 고기, 양파, 고추를 볼에 담고 반죽 양념을 넣어 치대면서 충분히 반죽한다.

5 연근의 한쪽 면에 밀가루를 묻히고 ④의 반죽을 조금씩 넓게 펴서 올린 후 밀가루와 달걀물을 차례로 입힌다. 반죽을 너무 많이 얹으면 속이 잘 익지 않으므로 얇게 펴 가며 올린다.

6 달군 팬에 기름을 넉넉히 두르고 ⑤를 가지런히 얹어서 약한 불에서 천천히 앞뒤로 부친다. 노릇노릇하게 익으면 접시에 담고 초간장 재료를 한데 섞어서 함께 상에 올린다.

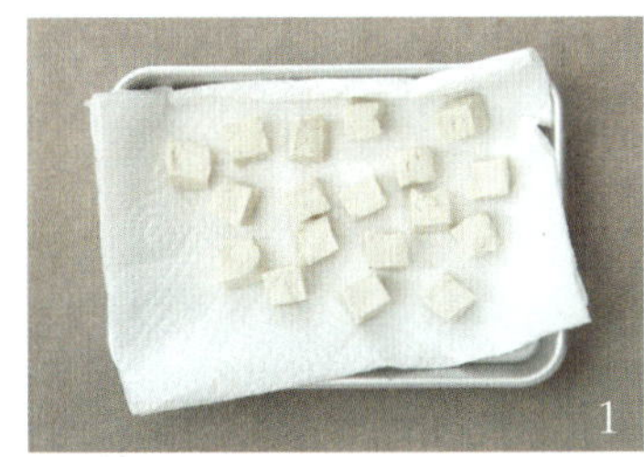

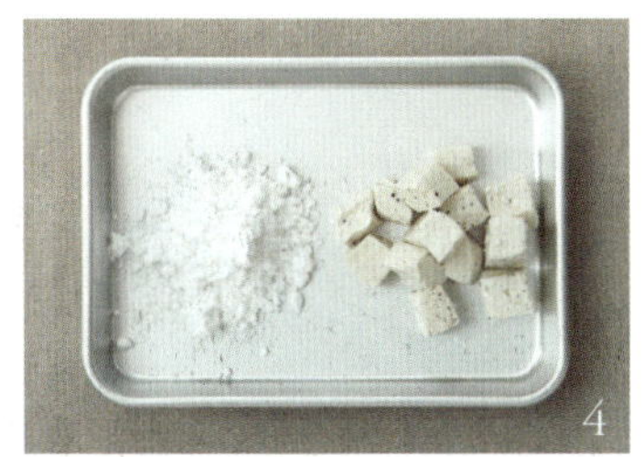

재료 | 두부 250g, 풋고추 · 붉은 고추 1개씩, 쪽파 1뿌리, 참기름 · 통깨 1작은술씩,
소금 · 후춧가루 약간씩, 녹말가루 3큰술, 식용유 적당량
양념장 고추장 1½큰술, 고춧가루 · 올리고당 ½큰술씩,
설탕 · 간장 · 참기름 · 맛술 · 다진 마늘 1작은술씩, 후춧가루 약간, 물 2큰술

1 두부는 주사위 모양으로 깍둑썰기한 후 키친 페이퍼에 얹어서 간수를 뺀다.
2 ①은 볼에 담고 소금과 후춧가루 약간, 참기름을 넣고 살살 버무린 후 다시 키친 페이퍼에 얹어서 물기를 제거한다.
3 풋고추와 붉은 고추는 속씨를 제거하고 동글동글 얇게 저며 썰고, 쪽파도 동글게 송송 썬다.
4 ②의 두부는 튀기기 직전 녹말가루를 골고루 묻히고 여분의 가루는 털어낸다.
5 기름을 넉넉히 달군 후 두부 한 개를 넣어 봐서 바닥까지 갔다가 천천히 떠오르면 ④를 얌전히 넣고 바삭해지도록 튀긴다. 약한 불에서 천천히 시간을 들여 튀기는 것이 포인트. 튀긴 두부는 키친 페이퍼에 얹어서 기름을 뺀다.
6 양념장 재료는 팬에 모두 담아 섞은 후 약한 불에서 조린다.
7 양념장이 걸쭉해지면서 졸아들기 시작하면 튀긴 두부를 넣고 골고루 버무리면서 송송 썬 고추와 파를 넣어 섞는다. 그릇에 담고 통깨를 뿌린다.

두부가 쌀알인 듯 고슬고슬, 데굴데굴!

기어이 밥 위에 푸짐하게 얹혔구나!

두부명란보푸라기덮밥

POINT 두부는 기름을 두르지 않은 마른 팬에 넣고 약한 불에서 달달 볶아 물기를 없애는 것이 포인트. 두부가 포슬포슬해지면 참기름을 두르고 좀 더 볶으면서 밑간을 한다.

재료 | 두부 100g, 명란젓 70g, 새싹채소 30g, 간장 · 참기름 · 통깨 약간씩, 밥 2공기
두부 양념 간장 · 맛술 1작은술씩, 소금 약간

1 두부는 면보나 키친 페이퍼로 감싸 간수를 뺀 후 대충 으깬다.

2 명란젓은 작게 다지듯이 썰고, 새싹채소는 물에 씻은 후 키친 페이퍼에 얹어 물기를 뺀다.

3 마른 팬에 두부를 넣고 주걱으로 다시 곱게 으깨면서 달달 볶는다. 물기가 사라지고 포슬포슬해지면 참기름을 두르고 두부 양념을 넣어서 좀 더 볶는다.

4 달군 팬에 참기름을 두른 뒤 명란젓을 넣고 으깨면서 볶다가 색깔이 변하면서 익으면 통깨를 뿌려 섞는다.

5 따뜻한 밥을 그릇에 각각 담고 새싹 채소를 얹은 후 두부와 명란 보푸라기를 올리고 간장과 참기름, 통깨를 살짝 뿌린다.

※맛김을 부숴 함께 넣어 비비거나 비빈 밥을 맛김에 싸먹어도 맛있다.

재료 |

연두부(생식용) 250g

명란젓 30g

배추김치 2장

쪽파 1뿌리

참기름 4작은술

통깨 2작은술

간장 · 소금 약간씩

현미밥 2공기

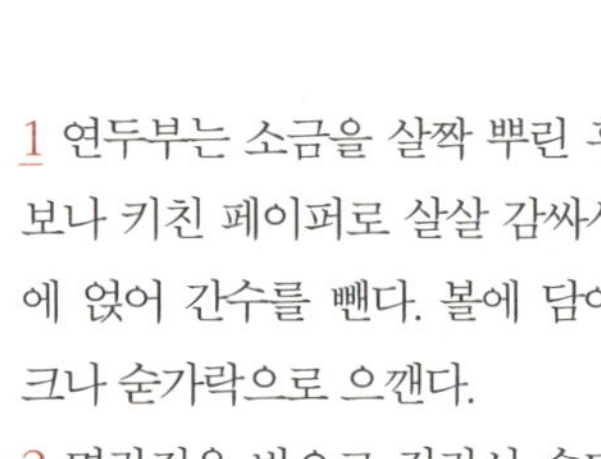

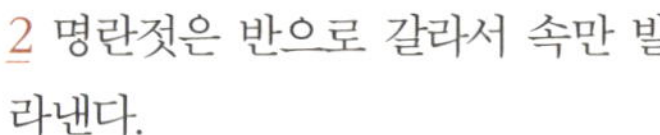

1 연두부는 소금을 살짝 뿌린 후 면보나 키친 페이퍼로 살살 감싸서 체에 얹어 간수를 뺀다. 볼에 담아 포크나 숟가락으로 으깬다.

2 명란젓은 반으로 갈라서 속만 발라낸다.

3 배추김치는 잘 익은 것으로 준비해서 속을 털어내고 물기를 살짝 짠 다음 잘게 송송 썬다. 쪽파도 작게 송송 썬다.

4 고슬고슬한 현미밥을 각각 그릇에 담고 그 위에 으깬 연두부를 얹은 후 김치와 명란젓을 가지런히 올린다.

5 쪽파를 위에 뿌리고 참기름과 통깨를 분량의 반씩 얹은 후 밥의 양에 따라 간장을 적당히 넣고 섞어가며 먹는다.

POINT 연두부는 소금을 살짝 뿌린
후 면보나 키친 페이퍼 여러 장으로
살살 감싸서 체에 얹어 둔다. 소금을
뿌리면 연두부에 심심하게 간이 배
면서 간수와 물기가 더욱 잘 빠진다.

재료 |

두부 250g
배추김치 2장
숙주 100g
굵은 파 ⅓대
참기름 ½큰술
통깨 1작은술
소금 · 후춧가루 · 식용유 약간씩
밥 2공기

소스 양념

간장 · 물 2큰술씩
맛술 1큰술
설탕 2작은술

두부김치 숙주 덮밥

1 두부는 먹기 좋게 적당한 크기로 썰어서 소금을 살짝 뿌린 후 키친 페이퍼에 얹어 간수를 뺀다.

2 배추김치는 잘 익은 것으로 준비해서 속을 털어내고 물기를 짠 뒤 작게 썬다.

3 숙주는 지저분한 뿌리를 다듬은 뒤 씻어 물기를 빼고, 굵은 파는 4cm 길이로 토막 낸 후 굵게 채 썬다.

4 간장 등 소스 양념 재료는 한데 담아서 골고루 섞는다.

5 밥은 덮밥용 넓은 그릇에 각각 한 공기씩 담는다.

6 달군 팬에 기름을 두르고 두부를 노릇노릇하게 부친다. 소스를 1큰술 정도 남기고 두부에 끼얹어 앞뒤로 소스를 묻혀가며 조리듯이 굽는다.

7 밥 한쪽에 각각 구운 두부를 가지런히 얹은 뒤 남은 양념 국물을 끼얹는다.

8 ⑥의 팬을 키친 페이퍼로 대충 닦은 후 기름을 조금 두르고 준비한 김치와 파를 넣고 살짝 볶는다.

9 ⑧에 숙주를 넣고 센 불에서 볶다가 남은 소스를 넣고 부족한 간은 소금과 후춧가루로 맞추면서 볶는다.

10 ⑨는 불에서 내리기 직전 참기름과 통깨를 뿌린 후 두부 한쪽에 가지런히 담는다.

1

2, 3

4

6

8

9

마파두부

재료 |

두부 300g

돼지고기(다진 것) 150g

풋고추 · 붉은 고추 1개씩

굵은 파 ⅓대

부추 4줄기

다진 마늘 2작은술

다진 생강 1작은술

소금 약간

녹말물(녹말가루 ½큰술, 물 1큰술)

물 1컵

소스 양념

청주 · 고추기름 · 두반장 1큰술씩

간장 · 굴소스 · 참기름 1작은술씩

설탕 ½작은술

후춧가루 약간

1 두부는 작게 주사위 모양으로 썰어 끓는 물에 소금을 조금 넣고 데친 후 체에 담아 물기를 뺀다. 두부를 데칠 때 소금을 조금 넣으면 단단해져 볶을 때 잘 으스러지지 않는다.

2 고추는 반으로 갈라 속씨를 제거하고 잘게 다지듯이 썬다. 파는 굵은 것은 4등분하고 가는 것은 2등분해서 송송 썰고, 부추는 1~2cm 길이로 작게 썬다.

3 달군 팬에 고추기름을 두르고 다진 파와 마늘, 생강을 넣고 달달 볶다가 고기를 넣고 덩어리가 지지 않게 풀면서 포슬포슬 충분히 익힌다. 생강이 씹히는 것이 싫은 경우 생강즙을 넣어도 좋다.

4 ③에 청주와 간장, 두반장을 넣고 섞으면서 좀 더 볶다가 물을 부어 끓인다.

5 ④가 한소끔 끓어오르면 굴소스, 설탕, 후춧가루를 넣고 마지막으로 두부를 넣어 골고루 저으면서 부족한 간은 소금으로 맞춘다.

6 ⑤에 농도를 봐가면서 녹말물을 고루 끼얹어 재빨리 섞는다.

7 ⑥에 잘게 썬 고추를 넣고, 불에서 내리기 직전 참기름을 뿌려 풍미를 더한다.

8 마파두부를 그릇에 담고 잘게 썬 부추를 위에 골고루 얹는다.

4

군살 청소하고 예뻐지라고

1 연두부는 면보나 키친 페이퍼로 살살 감싸 체에 얹어 간수를 뺀 후 주사위 모양으로 작게 깍둑썰기 한다.

2 오이는 소금으로 문질러 씻은 후 길게 4등분해서 도톰하게 썰고, 셀러리는 질긴 섬유질 부분을 칼로 잡아당겨 벗긴 다음 모양대로 도톰하게 송송 썬다.

3 파프리카는 속씨를 제거하고 다른 재료와 비슷한 크기로 썰고, 양파도 다른 재료들과 비슷한 크기로 썬 후 물에 담가 두었다가 물기를 제거한다.

4 어린잎 채소는 물에 씻은 후 키친 페이퍼에 얹어 물기를 뺀다.

5 통깨는 분마기에 곱게 간 후 소스 재료를 모두 넣어 골고루 섞는다.

6 연두부와 준비한 채소들을 접시에 보기 좋게 담고 ⑤의 소스를 뿌린다.

재료 |

연두부(생식용) 200g

오이 ⅓개

셀러리 ¼대

파프리카(노랑 · 빨강) · 양파 ¼개씩

어린잎 채소 · 소금 약간씩

소스 양념

간장 · 식초 2큰술씩

다진 파 · 통깨 1큰술씩

설탕 2작은술

참기름 1작은술, 후춧가루 약간

두부숙주샐러드

재료ㅣ

두부 200g

숙주 100g

오이 ¼개

셀러리 ¼대

파프리카(노랑 · 빨강) · 양파 ¼개씩

어린잎 채소 · 소금 약간씩

소스 양념

간장 · 식초 2큰술씩

통깨 · 참기름 ½큰술씩

설탕 2작은술

고추기름 1작은술

1 두부는 작게 주사위 모양으로 깍둑썰기 한다. 끓는 물에 소금을 조금 넣고 살짝 데친 후 찬물에 담가 식혔다가 키친 페이퍼에 얹어 물기를 뺀다.

2 숙주는 지저분한 부분을 다듬어 씻어 끓는 물에 소금을 조금 넣고 아삭하게 데친 후 찬물에 담갔다가 키친 페이퍼에 얹어 물기를 뺀다.

3 오이는 소금으로 문질러 씻은 후 동글게 썰고, 셀러리는 질긴 섬유질 부분을 칼로 잡아당겨 벗긴 후 가늘게 채 썬다.

4 파프리카는 속씨를 제거하고 셀러리와 비슷한 길이로 채 썰고, 양파는 얇게 채 썰어서 물에 한번 헹군 후 키친 페이퍼에 얹어 물기를 뺀다.

5 어린잎 채소는 물에 씻어 키친 페이퍼에 얹고 물기를 뺀다.

6 통깨는 분마기에 곱게 간 후 소스 재료를 모두 넣어서 골고루 섞는다.

7 두부와 준비한 채소들을 그릇에 보기 좋게 담고 ⑥의 소스를 위에 뿌린다.

POINT 두부를 구울 때 밀가루를 미리 묻혀 두면 두부의 수분 때문에 눅눅해지고 구웠을 때 모양이 지저분해지기 쉽다. 굽기 직전 밀가루를 골고루 묻힌 후 여분의 가루는 털어낸다.

1 두부는 큼직하게 반으로 썰어 소금을 살짝 뿌린 후 키친 페이퍼에 얹어 간수를 뺀다.

2 백만송이버섯은 밑동을 자르고 먹기 좋게 가른다. 팽이버섯도 밑동을 자르고 반으로 썰어서 적당히 가르고, 표고버섯은 밑동을 자르고 큼직하게 저며 썬다.

3 굵은 파는 흰 부분은 가늘게 채 썰고 나머지 부분은 어슷하게 썬다. 흰 파 채는 물에 담갔다 건져 키친 페이퍼에 얹어서 물기를 뺀다. 마늘은 저며 썬다.

4 간장과 우스터소스 등 소스 양념 재료는 한데 담아 섞는다.

5 ①의 두부에 밀가루를 골고루 묻힌 후 여분의 가루는 털어낸다.

6 달군 팬에 기름을 두르고 준비한 두부를 얹어 앞뒤로 노릇노릇하게 굽는다.

7 ⑥의 팬을 키친 페이퍼로 닦은 후 기름을 두르고 저민 마늘을 약한 불에서 굽다가 백만송이버섯과 표고버섯을 넣고 센 불에서 살짝 볶는다.

8 ⑦에 파와 ④의 소스를 넣고 좀 더 볶다가 불에서 내리기 직전 팽이버섯을 넣고 섞는다. 구운 두부 위에 버섯볶음을 보기 좋게 얹고 위에 흰 파 채를 올린다.

재료 |

두부 250g

백만송이버섯 · 팽이버섯 50g씩

생표고버섯 2장

굵은 파 ½대

마늘 2쪽

밀가루 2큰술

소금 · 식용유 약간씩

소스 양념

간장 · 우스터소스 1½큰술씩

맛술 1큰술

청주 · 참기름 ½큰술씩

후춧가루 약간

연두부두유냉국

재료 |

연두부(생식용) 300g

오이 ⅓개

통깨 1큰술

플레인 두유(혹은 시판용 콩국) 1컵

소금·얼음 약간씩

1 연두부는 면보나 키친 페이퍼로 살살 감싸 체에 얹어 간수를 뺀다. ⅔ 분량만 주사위 모양으로 작게 깍둑썰기 한다.

2 오이는 소금으로 문질러 씻은 후 곱게 채 썬다.

3 믹서에 연두부 ⅓ 분량과 통깨를 넣고 갈다가 두유를 부어 곱게 간다. 이때 두유는 아무것도 첨가하지 않은 플레인 두유를 사용한다.

4 ③은 냉장고에 넣어 차게 식힌 후 소금으로 간한다.

5 그릇에 작게 썬 연두부를 담고 ④를 조심스럽게 붓는다. 오이 채를 위에 얹고 얼음을 띄운다.

온두부

두부(250g)는 2등분 혹은 4등분하고 쪽파(1뿌리)
는 송송 썬다. 간장(적당량)에 고추냉이(약간)를
넣어 섞는다. 냄비에 플레인 두유(2컵)를 붓고
두부를 넣어 약한 불에서 서서히 데운다. 거품이
일기 시작하면 불을 끄고 뚜껑을 덮어서 4~5분
정도 그대로 둔다. 두부와 약간의 두유를 그릇에
담고 쪽파를 얹은 후 고추냉이간장을 뿌린다.

요리라고 할 것도 없는 것이…

연두부채소카나페

연두부(250g)는 간수를 뺀 후 큼직하게 반으로
썰어 모양을 다듬어 놓는다. 양파(¼개)와 오이
(⅓개), 셀러리(¼대)는 깨끗이 다듬어 씻어 비슷
한 길이로 채 썬다. 두부 위에 준비한 채소를 올
리고 간장(1큰술), 식초(1큰술), 참기름(½큰술),
설탕(1작은술)을 섞어 만든 소스와 통깨를 얹
는다.

이탈리언 연두부

연두부(250g)는 면보나 키친 페이퍼로 살살 감싸서 간수를 뺀다. 토마토(½개)는 작게 깍
둑썰기 하고, 어린잎 채소(약간)는 씻은 후 물기를 뺀다. 연두부는 그릇에 담고 토마토와
어린잎 채소를 얹는다. 소금(약간)을 손으로 으깨면서 살짝 뿌린 후 올리브유(1½큰술)와
발사믹식초(2작은술)를 위에 끼얹는다.

기특한 요리가 되는구나!

연두부채소견과소스

연두부(250g)는 간수를 뺀 후 작게 깍둑썰기 하고, 오
이(⅓개)와 무(50g)는 깨끗이 손질해 가늘게 채 썬다.
분마기에 호두(1큰술)를 넣고 갈다가 통깨(1큰술)를
넣어 함께 갈은 것에 간장(2작은술), 물(2작은술), 맛술
(1작은술), 참기름(1작은술), 설탕(⅓작은술)을 한데 섞
어서 소스를 만든다. 그릇에 연두부를 담고 무와 오이
채를 얹은 후 소스를 뿌린다.

그냥 바라보기만 해도 날씬해지는 것만 같은 이 기분은 뭐지?

두부딥소스와 채소스틱

재료 |

오이 ½개

셀러리 ⅓대

파프리카(노랑 · 빨강) ⅓개씩

당근 ¼개

양배추 · 소금 약간씩

딥소스

두부 100g

양파 ⅛개

마늘 1쪽

식초 1½큰술

설탕 1작은술

소금 ½작은술

1 오이는 소금으로 문질러 씻고 2등분하여 길쭉하게 썬다. 셀러리는 질긴 섬유질 부분을 칼로 잡아당겨 벗긴 후 오이와 비슷한 길이로 썬다.

2 파프리카는 속씨를 제거한 후 다른 채소와 비슷한 길이로 썰고, 당근도 적당한 두께로 길쭉하게 썬다.

3 양배추는 굵은 심 부분을 잘라낸 후 다른 채소들과 비슷한 크기로 썬다. 채소는 기호에 따라 다양하게 준비한다.

4 두부는 끓는 물에 살짝 데친다.

5 ④의 두부는 한김 식힌 후 면보나 키친 페이퍼로 감싸 작은 도마 등을 얹어서 물기를 뺀다. 또는 면보로 감싸서 물기를 짠다.

6 양파와 마늘을 핸드 블렌더로 간 후 두부와 나머지 딥소스 재료들을 넣고 곱게 간다.

7 그릇에 채소를 보기 좋게 담고, 두부딥소스를 곁들인다.

두부와 요구르트가 만나 과일을 품었으니 이보다 더 좋을 수가 !

연두부 블루베리 스무디

POINT 냉동 블루베리를 사용할 때는 얼음을 넣지 않아도 괜찮고, 연두부는 반드시 키친페이퍼로 감싸 간수를 뺀 후 믹서에 간다.

재료 | 연두부(생식용) 100g, 사과주스 6큰술
블루베리(혹은 냉동 블루베리) · 플레인 요구르트 4큰술씩
꿀 1작은술, 얼음 약간

1 연두부는 면보나 키친 페이퍼로 살살 감싸 체에 얹어 간수를 뺀다.
2 믹서에 연두부 등 재료를 모두 넣고 곱게 간다.
※블루베리 대신 딸기, 바나나 등 좋아하는 과일을 사용해도 좋다.
　꿀은 기호에 따라 가감한다.

연두부과일견과크림

재료 | 연두부(생식용) 130g, 딸기 2개
견과류(호두 · 아몬드 등) · 블루베리 1큰술씩
레몬즙 1작은술, 메이플 시럽 2작은술, 소금 약간

1 연두부는 소금을 살짝 뿌린 후 면보나 키친 페이퍼로 살살 감싸 체에 얹어서
간수를 뺀다. 딸기는 모양대로 저며 썰고, 호두와 아몬드 등 견과류는 작게 썬다.
2 볼에 연두부를 담고 거품기로 곱게 으깨면서 젓는다. 크림 상태로 만든 후 레
몬즙을 넣고 섞는다.
3 그릇에 각각 ②의 두부크림을 담고 딸기와 블루베리, 견과류를 얹은 후 메이
플 시럽을 반 분량씩 위에 뿌린다.

※바나나, 오렌지 등 좋아하는 과일을 듬뿍 곁들여 먹어도 좋고,
　비스킷을 찍어 먹어도 맛있다.

POINT　연두부는 간수와 물기를 최
대한 뺀 후 볼에 담아 거품기로 으
깬다. 크림 상태가 될 때까지 충분히
저어야 부드럽고 맛있다.

오늘도 잘 먹었습니다.

생각보다 대견한 두부

마트에 들렀다가 지나치기 섭섭해 번번이 카트에 담아
오고 찌개에 꼽사리, 유통기한 다 될 때까지 냉장고 차
지하기 일쑤, 허둥지둥 부쳐 먹기 바빴던 두부! 요리조
리 들춰보니 활약이 대단하네요.

아이와 남편이 고기반찬 좋아하는 것처럼 보이지만 막
상 두부로 한 상 차려내고 보니 '정성'을 좋아한다는 생
각은 지울 수가 없었어요.

같은 두부 부침이라도 녹말가루 묻히고 달걀에 퐁당 빠
트려 달래간장 종지와 세트로 냈더니 한 접시 금세 비
웁니다. 마치 뷔페에서처럼 바로바로 부쳐 호호~ 불며
먹게 했더니 고기 먹듯 싹 비웠어요. 게다가 두부를 넣
었는지 아는지 모르는지 벌컥벌컥 두부셰이크를 마시
는 아이를 보는 것도 신나는 일 중 하나고요.

재료도 중요하지만 정성 레시피가 답인 듯합니다.

복잡하고 번드르한 요리보다 역시 정성 레시피가 답인
듯합니다.

그러니 이제, 마트에서 번번이 두부를 카트에 담으며
망설이지 말까 봐요. 찌개에 대충 썰어넣고, 망설이며
부치는 건 하지 말까 봐요. 냉장고에 빵빵하게 채워 넣
고 바쁘면 데치고 김치 볶아 큼직한 접시에 푸짐하게
내고, 잔칫날에는 튀기고 야채 카나페 스타일로 얹어
멋 부려 내야겠어요.

언제나 그렇듯 내일 아침상엔 무엇을 낼까, 뭐해 먹을
까 고민하며 잠이 듭니다. 냉장고 속 시뮬레이션으로
잠들기 일쑤지만 혹시 냉장고 속에 남은 두부 있으면
후다닥 두부젓국찌개 만들어 식구들 든든히 먹여 보낼
까 봐요.

每日 두부

초판 1쇄 발행 2015년 5월 10일
초판 2쇄 발행 2015년 9월 1일

지은이 | 김수연
펴낸이 | 김우연, 계명훈
기획 · 진행 | fbook
          김수경, 김연, 배수은, 박혜숙, 최윤정
마케팅 | 함송이
경영지원 | 이보혜
디자인 | design group ALL(02-776-9862)
사진 | 이정민(물나무스튜디오 02-3442-1907)
교정 | 김혜정
펴낸 곳 | for book 서울시 마포구 공덕동 105-219 정화빌딩 3층
          02-753-2700(판매) 02-335-3012(편집)
출판 등록 | 2005년 8월 5일 제 2-4209호

값 7,000원
ISBN 979-11-86455-73-9   13590